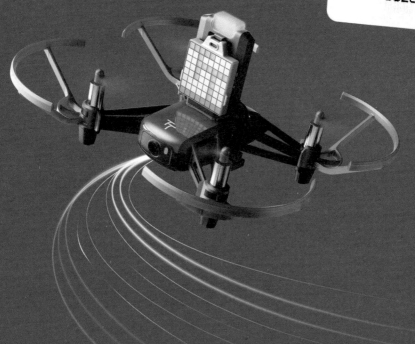

大疆TT教育
无人机
从入门到精通

蔡冬冬　胡波　编著

清华大学出版社
北京

内 容 简 介

本书以大疆 TT 教育无人机为载体,采用 Mind+ 图形化编程软件为无人机设计飞行程序。本书详细讲述无人机的飞行原理、飞行安全、遥控飞行、编程飞行、编队飞行和场景应用等知识,并将这些知识融入近 100 个项目式的探究活动,可使读者通过实验探究和无人机编程活动体验飞行的乐趣。本书最后讲述无人机竞赛方面的内容,包含无人机竞赛的策略以及竞赛程序设计的方法。

本书可作为小学生和中学生学习无人机的教材或参考书,也可作为无人机竞赛的指导用书,还适合科技爱好者在自学时选用。

图书在版编目(CIP)数据

大疆 TT 教育无人机从入门到精通 / 蔡冬冬,胡波编著 . —北京:清华大学出版社,2021.7(2024.4重印)

ISBN 978-7-302-58472-8

Ⅰ.①大… Ⅱ.①蔡…②胡… Ⅲ.①无人驾驶飞机一程序设计 Ⅳ.① V279

中国版本图书馆 CIP 数据核字 (2021) 第 111749 号

责任编辑:袁金敏
封面设计:杨玉兰
版式设计:方加青
责任校对:徐俊伟
责任印制:杨　艳

出版发行:清华大学出版社
　　网　　　址:https://www.tup.com.cn, https://www.wqxuetang.com
　　地　　　址:北京清华大学学研大厦 A 座　　　　　　邮　　编:100084
　　社 总 机:010-83470000　　　　　　　　　　　　邮　　购:010-62786544
　　投稿与读者服务:010-62776969,c-service@tup.tsinghua.edu.cn
　　质 量 反 馈:010-62772015,zhiliang@tup.tsinghua.edu.cn
印 装 者:三河市龙大印装有限公司
经　　销:全国新华书店
开　　本:185mm×260mm　　印　　张:13.75　　字　　数:269 千字
版　　次:2021 年 7 月第 1 版　　印　　次:2024 年 4 月第 6 次印刷
定　　价:99.00 元

产品编号:091247-01

"做空间智能时代的开拓者，让科技之美超越想象"

——大疆创新企业使命

作为全球无人机市场当之无愧的领导者，DJI——大疆创新科技有限公司（下文简称大疆）在十几年内通过不断的高瞻远瞩、厚积薄发，甚至是自我革命，成功地推出了一代又一代不断颠覆人们想象的产品，这正是大疆对技术和极致的不断追求。

正因如此，大疆深知"创新不是口号，实践出真知"的道理，以及培养能够引领未来的人才的重要性。为了让实践创新走出课堂、塑造青年工程师文化、引领机器人潮流，大疆创办了 RoboMaster 机甲大师全国大学生机器人比赛与 RoboMaster 机器人主题假期营，致力于打造科技创新型人才的竞技交流平台。

近年来，国家颁布了各类支持教育信息化、综合实践活动以及促进人工智能教育的政策和文件，十四五规划也聚焦于教育改革与高校的科技创新，大疆教育伴随着机器人与编程教育在义务教育中的逐渐普及应运而生，推出了一系列教育机器人、无人机以及丰富的教育资源，并通过 RoboMaster 青少年系列赛事打造青少年的工科培养里程碑。本书的主角——RoboMaster Tello Talent 教育无人机（下文简称 TT 无人机），即是本着让前沿科技足够简单，孩子也能轻松上手的教育理念而诞生的。

本书的作者蔡冬冬老师原为中学物理教师，现为安徽省肥东县青少年活动中心科技工作者，中国青少年机器人竞赛国家级裁判员，科技创新教育工作室创立者，拥有青少年科技创新、机器人、科技模型等课程的开发、教研、培训与竞赛带队的丰富经验。在本书的写作过程中，大疆教育与蔡冬冬老师就课程的设计与青少年新工科人才的培育和实训的理念达成了诸多共识，相信配合本书与 TT 无人机，能够点燃更多孩子的科技梦想。

　　我们正处于人工智能、机器人与无人机技术蓬勃发展的时代，未来社会对优秀工程师的需求将持续不断地提高，个人技术与团队合作的组织管理也将变得越来越重要。希望读到本书的同学们能够成为将技术创新引入人们生活的卓越工程师，为人类文明的发展贡献自己的力量。

大疆教育教研组

2021 年 6 月

折一架纸飞机，轻哈一口气，掷向天空，这可能是生活中最容易实现的飞行。想象一下，若是这架纸飞机变得智能，有了自己的动力，可以规划飞行航线，可以自主避开障碍，甚至自动返航降落……这样的飞行可以实现吗？

当飞行遇上了智能，如同机器人获得了飞行的能力，从而诞生了无人机，因此无人机也可以理解为会飞行的机器人。

历经几十年的时间，日新月异的科技与创新使无人机得到了迅猛发展，并将无人机的视角从地面带到了天空，赋予了无人机更强大的应用能力，以至于在各个行业都能够看到它的身影，例如无人机在有大气层的外星球上飞行探索，军事上使用无人机进行侦察，植保无人机飞行在田地的上方播撒种子，可拍照的无人机进入了千家万户，可编程的教育无人机也飞入了学生们的课堂。

青少年无人机教育是科技创新教育的重要组成部分，在青少年的学习兴趣、思维、沟通、协作、创新以及核心素养等方面的培养扮演着至关重要的角色。本书汇集了作者近10年的航模、机器人和无人机的教学经验，以大疆 TT 教育无人机为载体，结合 Mind+ 图形化编程，将无人机的飞行原理、编程、编队、传感等知识以及广泛的应用场景融入项目式探究活动，让读者通过实验探究和无人机编程探索飞行的乐趣。

书中无人机的课程案例来源于教学和竞赛实践，还有很多的内容来源于课堂上学生赠予的灵感。书中无人机的飞行程序大多是由学生进行测试，参与的学生有张睿涵、郑跃之、张昊冉、张志鸿、薛皓轩、梁一鸣、郑玥瑶、罗璟荣、储梓绪、汪伟铭、李子木。兴趣驱动着孩子们自愿利用数十个节假日的时间来学习无人机，痴迷的学习态度让他们忘乎所以，他们通过多次反复测试，确保每个程序都能够让无人机成功完成任务。因为本书的读者对象为中小学生，故本书中的计量单位采用中文符号。

感谢领导周新龙、吴友邦、王怀宁、李仁梅、王朝升和众多同事，在你们的帮助下成立了青少年科技创新教育工作室，给我们提供了研究、教研、教学和交流的环境。在本书的编写过程中，特别感谢北京航空航天大学王洪伟教授的悉心指导，感谢大疆创新科技有限公司提供的无人机技术和帮助。还有朋友和家人，感谢你们一直以来对我的支持和陪伴，才能够使我顺利完成本书的写作。

由于作者水平有限，书中不免有疏漏和错误之处，恳请各位读者不吝指正，欢迎大家一起交流学习（QQ 群号：1036278408），也可关注微信公众号"蔡冬冬科创工作室"。

让我们一起在指尖上创造奇迹，在创造中点燃智慧！

作者

2021 年 6 月

第 1 章
无 人 机 飞 行

第 2 章

无 人 机 编 程

第 3 章
无 人 机 编 队

第 4 章
无 人 机 竞 赛

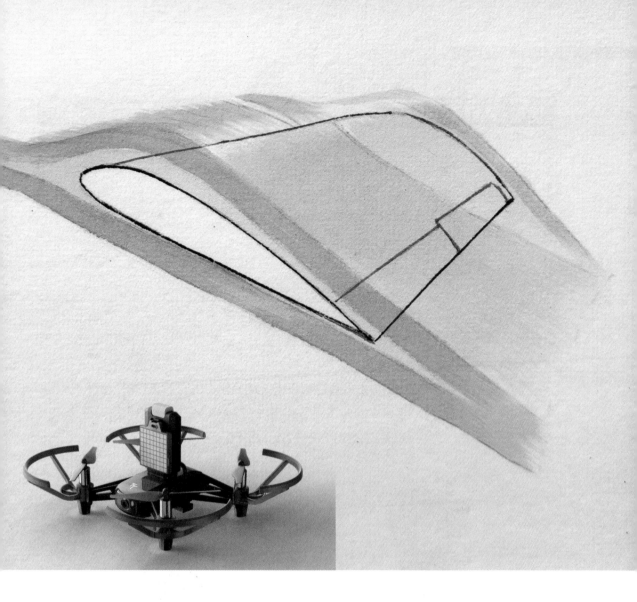

第 1 章

无人机飞行

　　飞行是人类一直以来的梦想，人们常常从生活中获取飞行的灵感，观察鸟儿的飞翔、花瓣的飞舞……，正是人们的不断探索与创造，让飞行经历了从风筝向飞机的演变，之后又发明了旋翼机、火箭、无人机等。

　　今天，我们只要通过一些简单的操作，就可以起飞一架无人机。无人机可以实现智能拍摄，也可以执行侦察任务，甚至在你需要阅读时，无人机可以在很短的时间内送上几本精彩的图书。

1.1 认识无人机

学习目标

（1）了解飞行器的发展历史。

（2）掌握无人机的定义，认识无人机。

（3）了解无人机在各领域中的应用。

1.1.1 飞行器的历史

自古至今，人类对蓝天总是充满着无尽的向往，想象着能够遨游于天空、穿梭在白云间。然而要想飞上天空是一件极其冒险的事情，过程中会遇到重重困难，但这一切从未阻止人类探索飞翔的脚步。

早在公元 1 世纪之前，中国人就已经制作出了能够飘上天空的飞行器——孔明灯，如图 1.1.1 所示。而真正能够载人的飞行器则出现在 1783 年的一个冬天，人类第一次搭载着热气球飞上了法国巴黎的天空，如图 1.1.2 所示。

图 1.1.1　孔明灯　　　　　　　图 1.1.2　热气球

1903 年 12 月 17 日，莱特兄弟首次试飞了一架完全受人控制、依靠自身动力、机身比空气重、持续飞在空中一段时间而不落地的飞机，也就是世界上第一架固定翼飞机"飞行者一号"，如图 1.1.3 所示。

莱特兄弟通过多次的飞行试验得出结论，制造一架飞机需要像鸟儿翅膀一样的机翼来保证在空中不会坠落下来；需要一台发动机来推动前进；还需要一套完整的操控系统，并由飞行员来控制飞机的起飞、转弯、平衡、降落等飞行动作。莱特兄弟的发明让动力飞行的梦想成为现实，也为后期空气动力学飞行器的设计奠定了基础。

图 1.1.3　"飞行者一号"飞机

1.1.2　无人机的概念

　　人类对飞行器的发明从不载人的孔明灯逐渐演变成热气球、飞艇、飞机（固定翼飞机）、直升机、航天飞机、无人机、喷气背包等各种各样的飞行器。图 1.1.4 所示为无人飞艇；图 1.1.5 所示为喷气背包。在这些飞行器的大家族里，无人机的出现建立在已有成熟的飞行器基础之上，这些成熟的飞行器包括固定翼飞机、直升机、多旋翼飞机、扑翼机等。

图 1.1.4　可遥感航摄的无人飞艇

图 1.1.5　用于太空探索的喷气背包

　　无人机可以被简单理解为无人驾驶的飞机，它是利用无线电遥控设备和程序来控制飞行的不载人飞机，包括固定翼无人机（图 1.1.6）、多旋翼无人机（图 1.1.7）、无人飞艇、伞翼无人机、扑翼无人机（图 1.1.8）、无人直升机（图 1.1.9）等。无人机可以在无人驾驶的条件下完成复杂的空中飞行任务和各种负载任务，可以被看作"会飞的机器人"。

图 1.1.6　"彩虹"固定翼无人机

图 1.1.7　大疆多旋翼无人机

图 1.1.8　扑翼无人机

图 1.1.9　共轴式无人直升机

无人机上没有驾驶舱，但安装了自动驾驶仪、程序控制装置等设备，地面人员通过雷达、卫星导航、电脑和遥控等设备对无人机进行跟踪、定位、遥控和数字传输。无人机的飞行有半自主控制和全自主控制，半自主控制无人机自主飞行能力非常有限，它的飞控系统的控制算法能够保持无人机的姿态稳定，但是遇到难以自主完成某项飞行任务时，还是需要地面上的人员进行远程遥控；而全自主控制无人机飞控系统的控制算法不仅能够维持无人机的姿态稳定，还能够实现无人机航线控制、航线规划、避障及自动起降等，实现无人机的自主化、智能化飞行。

虽然无人机上没有飞行员，但任何无人机都必须被视为有"飞行员"，只是无人机的"飞行员"不在无人机里，而是在地面上。因为无人机可以被地面上的操控者远程控制飞行，即使无人机是通过加载的程序自主控制飞行，而加载程序、启动无人机以及让无人机自主飞行的整个过程都需人来操作，所以无论是自主飞行还是半自主飞行的无人机都是由相应的"飞行员"来控制的。

要使无人机能够顺利地执行飞行任务，需要一个在地面上对无人机进行控制的操控平台，地面的操控平台可以是一个遥控器，如图 1.1.10 所示，也可以是复杂的，包括无人机发射、传输指令、控制指令和回收控制的地面控制站，如图 1.1.11 所示。

图 1.1.10 无人机遥控器

图 1.1.11 无人机地面控制站

无人机的地面控制站是整个无人机系统非常重要的组成部分，是地面操作人员直接与无人机进行信息传递的渠道，包括任务规划、任务回放、实时监测、数字地图、通信数据链，拥有集控制、通信、数据处理于一体的综合能力，是整个无人机系统的指挥控制中心。

1.1.3 无人机的应用

无人机具有机动性强、结构轻、费用成本低、可回收、安全性高等优点，而且无人机内没有人，可以飞到危险区域搜集情报或执行危险任务并返回基地。今后，我们将会在越来越多的应用场景中看到无人机的身影。

在军事上，现代无人机具有长航时、多高度的飞行性能，能够飞得更快、航程更远、滞空时间更长，同时能够实时进行图像传输，可用于侦察监视、目标定位和任务跟踪。携带武器的无人机可以对重要目标进行精确定位和武力打击。图 1.1.12 所示为军用固定翼无人机。凡是可能危及军人生命安全的危险行动，无人机都能够发挥不可替代的作用，这是因为无人机可以在地面操作人员的遥控或预编程序的控制下，准确地执行命令，而且不必担心人员伤亡。

图 1.1.12 军用固定翼无人机

随着无人机技术的发展，小型化无人机迅速地走进民用领域，并且得到了极大的发展。现在的民用无人机涉及媒体应用、植保、森林消防、电力巡检、公安反恐等。未来无人机还将在农业现代化发展、人工智能技术、家政服务、物流服务、急救服务等领域发挥重要作用。

无人机可以借助固定翼飞机、直升机、多旋翼飞机等飞行平台进行空中飞行或悬停，再通过搭载不同的设备，可以让无人机应用在更多的领域。因此，摄影行业已经开始将无人机技术应用到很多航空拍摄的任务中。无人机可以飞到瀑布后面，从新的视角拍摄画面。例如，在图 1.1.13 中能够看到无人机跟随极速的快艇风驰电掣；在图 1.1.14 中可以从高空看到冲浪者在波澜壮阔的海面上驾驭风浪。除此之外，无人机还可以追踪滑雪者翻山越岭，诸如此类的场景数不胜数。

图 1.1.13　无人机跟随高速运动的快艇

图 1.1.14　无人机高空拍摄的冲浪者画面

无人机在媒体中主要用于航拍，而搭载相机的航拍无人机通常以四旋翼无人机居多，可用于拍摄照片和视频，如图 1.1.15 所示。航拍无人机把人类的视角通过飞行的方式从地面延伸到空中，用鸟的眼睛看世界，实现空中俯瞰的效果，如图 1.1.16 所示。

图 1.1.15 大疆航拍无人机

图 1.1.16 无人机俯瞰大地

　　来源于鸟群、蜂群等生物群体飞行的灵感，人们发明了无人机集群化编队飞行技术。图 1.1.17 所示是使用 TT 无人机模拟的集群化飞行。在军事上，人们发现多架无人机编队飞行、协同侦察和作战的模式，可以在一定程度上提高单架无人机作战任务的成功率。例如仅两架无人机的编队飞行就可以实现以其中一架为诱饵，诱骗敌方开启雷达或暴露防御，另一架在后面埋伏，随时待命攻击，这样任务执行效率和成功率远比单架无人机要高得多。

　　无人机编队飞行也可以应用于生活场景中，搭载彩灯的多旋翼无人机通过编队飞行可以在夜空中点绘出一幅幅美丽的图画。图 1.1.18 所示是多架带有灯光的无人机在空中组成的直升机和警车图案，通过无人机的移动飞行还可以让这些图案动起来，画面宏大、千变万化、令人惊叹。

图 1.1.17 无人机集群化飞行示意图

图 1.1.18 无人机编队组成的直升机和警车图案

　　无人机搭载的高清相机可进行不间断的画面拍摄，获取影像资料，并将所获得的信息和图像传送到地面。如遇到突发事件、灾难性暴力事件、危险性事件等，无人机可迅速得到实时现场的视频信息，传送给指挥者进行科学决策和判断，具体应用场景有钻井平台、能源装置、机场、风力发电站、桥梁、输电线和电塔等。除此之外，还可用于搜救、自然灾害后的紧急救援、火警、边境监控等。

　　无人机还可参与危险性事件的工作任务，如拍摄火山喷发（图 1.1.19）、电力巡检（图 1.1.20）、保护野生动物（图 1.1.21）、森林火灾救援（图 1.1.22）、洞穴探险等。

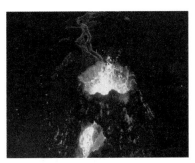

图 1.1.19 无人机拍摄火山喷发

图 1.1.20 无人机电力巡检

图 1.1.21 无人机保护野生动物

　　输电线和铁塔构成了现代电网，输电线路跨越数千千米，交错纵横，电塔分布广泛、架设高度高，使得电网系统的维护困难重重。例如在电力巡检中，万伏高压输电线上的异物会影响供电安全，传统的异物清除常需要电力工人登塔操作，危险性高，清理速度慢，甚至还需要断电操作，影响区域电力供应。携带喷火设备的无人机可以在不中断供电的情况下清理高压线上的异物，如图 1.1.23 所示，不需要人员登塔，操作安全快速，还可以保障电网稳定运行。

图 1.1.22 无人机热传感拍摄的森林火灾

图 1.1.23 无人机清除高压线上的异物

　　无人机可应用于动物保护中，可以飞入野生动物重点活动区域，掌握野生动物资源的状况、野生动物的数量和栖息地情况，同时也能防止偷猎者入侵，对于正在偷猎的行为，无人机可以通过搭载的相机进行拍照取证，避免人员与偷猎者对峙。小型无人机能够飞入动物的巢穴进行测量并记录有关动物的信息，从而避免研究人员亲自涉险。无人机还可以用于海滩上监视鲨鱼的活动，这样可以在有鲨鱼出没时对进入海滨浴场的人们做出警示。

无人机可用于农作物保护作业，如图1.1.24所示，主要用在植保、施肥、播种、灾害预警、产量评估、农田信息遥感等领域。目前，用于农业的无人机主要有固定翼无人机、无人直升机和多旋翼无人机。

检查树上每一个水果是否成熟对果农来说是极其缓慢和乏味的，但对于采摘水果的无人机来说，这一切可以变得简单快速，而且不会有任何遗漏。如图1.1.25所示，采摘水果的无人机搭载了一个机械手、一组前置相机和螺旋桨软保护罩，使用相机并搭配能够识别水果成熟的算法。在这种情况下，一架无人机可以迅速识别成熟的水果，飞行靠近，然后用机械手轻轻地抓住并扭动，最后将水果扔进存储箱，如此重复采摘，直到满载而归。由于无人机是自主工作的，所以基本上不需要人来看管，无人机技术的应用有望让采摘水果的工作不再需要人类亲力亲为。

图1.1.24 植保无人机

图1.1.25 采摘水果的无人机

通过搭载激光雷达和测绘相机，无人机可用于测绘，如图1.1.26和图1.1.27所示，测绘无人机可进行地形测绘、绘制高精度的三维地图、地质监测等。

图1.1.26 测绘无人机

图1.1.27 无人机测绘生成的三维点云数据图像

无人机可用于气象，测量大气的温度、气压、湿度、风力、云等气象数据，尤其对台风的追踪特别有用。例如我国自主研发的高空大型气象探测无人机（图1.1.28）

可以对台风"森拉克"外围云系进行"CT 式立体扫描"（图 1.1.29），一组组温度、湿度、气压、水凝物等气象数据，实时传送回地面，为预报员确定台风"森拉克"中心位置提供了重要参考依据，进一步提高了台风路径和强度预报准确率。气象无人机的高空飞行还可以研究平流层水汽是如何影响全球气候的，并且可以观察臭氧，更好地了解水汽和臭氧之间的相互作用。

图 1.1.28　气象无人机

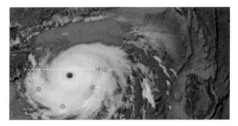

图 1.1.29　气象无人机拍摄的台风"森拉克"

无人机还可应用于火星探索。火星周围也笼罩着大气层，与地球大气层相似，火星表面的重力大约只有地球重力的三分之一，这一切看起来似乎有利于无人机的飞行，但火星大气的密度还不到地球大气的百分之一，在火星上要想利用旋翼产生升力来获得飞行是非常困难的。因此要设计这样一个旋翼飞行器，它的质量必须是超轻的，而且螺旋桨的转速要非常快。2021 年 2 月 19 日凌晨，美国的"毅力号"火星探测器携带共轴双旋翼无人直升机顺利落在火星上，如图 1.1.30 所示。据报道，这架无人机的质量仅为 1.8 千克，高为 0.5 米，螺旋桨直径为 1.2 米，螺旋桨的转速可达 2400 转 / 分，相比之下，一架传统直升机螺旋桨的转速为 450 ～ 500 转 / 分。这架无人直升机在无人干预的情况下起飞、导航和降落在火星上，用于拓展火星车的视野，更为重要的任务是为了证明在火星上飞行是可能的。2021 年 4 月 19 日，这架无人机成功地完成了首次飞行，这是人造旋翼飞行器在地球以外的星球的首次飞行，这将开辟一条新的太阳系探索之路，也为下一代无人机提供更雄心勃勃、令人兴奋的发展方向。

图 1.1.30　降落在火星上的无人直升机（想象图）

随着机器人、智能设计、编程等信息技术课程的兴起，无人机教育也开始走进课堂。大疆 TT 教育无人机（以下简称 TT 无人机）正是为青少年学习无人机而设计的，如图 1.1.31 所示，TT 无人机在轻巧的机身中注入了强大的飞控算法，让无人机拥有良好的飞行性能，保障了无人机飞行的安全性与稳定性。无人机搭载高清摄像头，飞行画面流畅稳定，同时还融入了 TOF 测距、姿态测量、加速度、视觉、气压高度等传感器，配合 ESP32 开源硬件与可编程模块，结合 Mind+、Python 等多元化编程环境，学习功能强大，易于激发学习兴趣，帮助青少年认识和学习无人机。

图 1.1.31　TT 无人机

1.2　TT 无人机

学习
目标
（1）认识多旋翼无人机。
（2）掌握 TT 无人机的各部分组成和功能。

1.2.1　旋翼无人机

TT 无人机是可遥控、可编程控制的微型四旋翼无人机，如图 1.2.1 所示，可在室内飞行，也可在无风的室外环境下飞行。

四旋翼无人机属于旋翼飞行器。旋翼飞行器又分为直升机、四旋翼、六旋翼（图 1.2.2）等。多旋翼飞行器能够实现空中悬停，飞行动作灵活，操作也非常容易。由于这样的飞行器机械结构简单、稳定可靠，维护成本也非常低，因此多旋翼飞行器在实际中的应用非常广泛。但多旋翼飞行器也存在一些不足之处，例如飞行续航时间短、抗风能力弱、载荷量较小等。

图 1.2.1　TT 无人机（四旋翼）　　　　　　图 1.2.2　六旋翼无人机

　　TT 无人机的飞行系统包含天空端和地面控制端。天空端也称之为空中飞行平台，即为 TT 无人机，它由动力系统、飞控系统、导航系统、机身系统、机载设备和图传系统组成，这些组成具体有螺旋桨、电池、摄像头、传感器、点阵屏等，如图 1.2.3 所示。TT 无人机的地面控制端可以是遥控器、手机、平板电脑和笔记本电脑等设备。

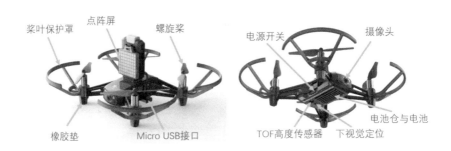

图 1.2.3　TT 无人机的组成

1.2.2　TT 无人机的组成

1. 机身系统

　　TT 无人机的机身系统包括机架、起落架和桨叶保护罩。机架是四旋翼无人机的主体，电机、螺旋桨、电路板、传感器等众多设备都安装在机架上。起落架是无人机与地面唯一接触的部位，用来支撑无人机的停放，也为无人机的降落起缓冲作用。TT 无人机的起落架已经被简化了，无人机与地面接触的部分是电机下方的橡胶垫。无人机的每个螺旋桨边上配有可拆卸的桨叶保护罩，桨叶保护罩用来保护飞行中的螺旋桨，防止高速旋转的螺旋桨碰到物体而使无人机坠落。

2. 动力系统

TT 无人机的动力系统由电机、螺旋桨和电池组成，为无人机的飞行提供动力。电机采用的是 4 个直流电机，使用可充电的锂电池为电机供电。在电池满电的情况下，无任何负载的 TT 无人机可以持续飞行约 13 分钟。

电池充电管家

一节满电的电池可让无人机飞行约 13 分钟，为了便于研究和学习 TT 无人机，可以给无人机搭配 3 节以上的电池（图 1.2.4）和 1 个电池充电管家（图 1.2.5），可以使用普通的 5 伏充电器为充电管家供电，1 个电池充电管家可以依次给 3 节电池充电，使用充电管家充满 1 节电池大约需要 30 分钟，加上无人机在用完一节电池的电量后也需要关机休息一会儿，这样可以基本满足连续学习无人机的需求。

图 1.2.4　无人机电池

图 1.2.5　电池充电管家

螺旋桨是安装在电机上为无人机直接提供升力的部件。螺旋桨有一个旋转的翼面，其剖面与飞机的机翼相似，其原理与机翼的空气动力学原理相似。螺旋桨产生升力的大小取决于桨叶的平面形状、桨叶迎角和电机的转速。TT 无人机有 4 个螺旋桨，分为正桨和反桨两种，无人机对角上的螺旋桨桨叶方向相同，相邻的两个螺旋桨桨叶方向相反，如图 1.2.6 所示。这是因为单个电机在驱动螺旋桨旋转时会给

图 1.2.6　无人机螺旋桨的旋转方向

机身一个反作用力，导致机身相对于螺旋桨反向旋转。而通过两个正桨和两个反桨之间的相互反向旋转，在保证四个螺旋桨都能产生升力的同时，能够相互抵消由螺旋桨产生的反作用力。

螺旋桨的反作用力——反扭力

螺旋桨旋转时产生的反作用力也叫作反扭力,可通过实验探究螺旋桨反扭力的存在。实验装置如图 1.2.7 所示,电机上装有螺旋桨,电机和电池固定,并将其安装在一个可旋转的平台上。启动电机带动螺旋桨开始旋转,可以看到螺旋桨旋转的同时,电机部分会反向旋转,如图 1.2.8 所示,而电机的反向旋转正是螺旋桨旋转产生的反扭力造成的。

图 1.2.7　反扭力实验装置　　　　图 1.2.8　旋转螺旋桨的反扭力(电机反转)

如图 1.2.9 所示,在带有尾桨的单旋翼直升机上,直升机的升力来自于直升机上方旋转的"旋翼"。但是,在旋翼提供升力的同时,直升机机身也会因旋翼的反作用力而逆向旋转。为了平衡反作用力,其中一种直升机设计方法是在直升机的尾部安装另一个小型旋翼,即尾桨,通过尾桨旋转产生气流的反推力来抵消反扭力,实现机身的平衡。

图 1.2.9　单旋翼直升机

3. 飞控系统

无人机的飞控系统全称为飞行控制系统，可控制无人机的飞行姿态，并能够控制无人机的自主或半自主飞行系统，包括无人机起飞、空中飞行、执行任务和返回等整个飞行过程，是无人机的大脑。

飞控系统包括硬件和软件两部分，TT 无人机的硬件部分包括三轴陀螺仪传感器、加速度传感器、位置传感器、电路控制板（图 1.2.10 和图 1.2.11）、气压高度计等；其中把能够测量无人机空间姿态、速度和位置参数的装置合称为惯性测量单元（IMU）；软件部分包含控制算法、程序等。飞控系统决定无人机的性能，也是无人机的核心技术。四旋翼无人机基于飞控系统通过调节四个电机的转速来改变旋翼的转速，实现升力的变化，从而控制无人机的姿态和位置。

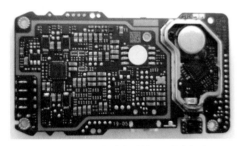 

图 1.2.10　电路控制板（上板面）　　　图 1.2.11　电路控制板（下板面）

飞控系统的算法程序能够根据传感器测量的姿态、高度、光流等数据来控制四个电机旋转的速度。无人机的姿态控制保证无人机能够平稳地飞行，高度控制使无人机保持在目标高度上，并通过无人机下方的视觉传感器（也叫光流传感器）获取无人机水平方向上的移动信息。飞控系统不断地调节无人机的倾斜角度，使无人机固定保持在一个点附近，实现定点悬停的功能，结合操控者的指令，也可以实现无人机的各种飞行动作。

4. 导航系统

导航系统可以向无人机提供空间坐标、速度、飞行姿态、障碍信息，引导无人机按照指定航线飞行，相当于无人机的领航员。TT 无人机有下视和前视视觉传感器，并结合无人机挑战卡（图 1.2.12）和坐标飞行图（图 1.2.13），可以为无人机提供无人机的空间坐标和飞行姿态。其中前视视觉传感器也可以用来拍摄照片和视频。无人机还在其下方配有 TOF 高度传感器，在无人机的拓展模块上配有前方 TOF 测距传感器，TOF 传感器构成了无人机导航的避障系统，从而使无人机具备识别障碍的能力，进而实现自主导航。

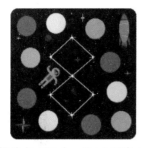

图 1.2.12　挑战卡（尺寸：约 20 厘米 ×20 厘米）

图 1.2.13　坐标飞行图（尺寸：3 米 ×3 米）

5. 机载设备

根据不同的飞行任务，无人机可以搭载不同的设备，如航拍相机、测绘激光雷达、农药喷洒设备、激光测距仪器、红外相机、救生设备等。航拍无人机的机载设备主要有云台和相机。在 TT 无人机主机身的上方有 6 个乐高凸点，可以安装无人机自带的拓展模块、乐高积木和第三方传感器等，如图 1.2.14 所示。

图 1.2.14　装有乐高积木的 TT 无人机

6. 图传系统

图传系统是指视频传输装置，是将无人机在空中拍摄的画面实时稳定地发送给地面接收端，供操控者观看。TT 无人机采用 WiFi 信号进行近距离图传，如果无人机飞得太远，可能会影响图传效果，甚至可能与遥控器或电脑断开连接，建议无人机飞行在地面端的 50 米范围内。

7. 地面控制系统

地面控制系统（也称为地面站）是无人机系统的重要组成部分，用于地面操作人员有效地对无人机的飞行姿态和工作状态进行控制和监视，包括无人机飞行遥控、任务规划、飞行路径规划、飞行数据显示、图像显示、发送飞行程序指令等。TT 无人机的地面端主要由电脑、遥控器（图 1.2.15）、平板显示设备组成，负责对接收到的 TT 无人机各种参数进行数据处理，并在需要时对无人机发送程序指令，修改无人机飞行路径，特殊情况下可直接手动遥控无人机。

地面端可以对无人机进行遥控控制和计算机

图 1.2.15　适用于 TT 无人机的遥控器

程序自主控制，遥控控制是无人机最基本的控制方式，尽管现在的无人机已经很智能，但遥控功能仍然保留着。无人机在自动控制难度较大的任务阶段采用遥控控制，在其他阶段采用自动控制，如起飞、降落采用遥控控制，巡航飞行用自动控制。有时候无人机在一次飞行任务中可能既要遥控控制，也要自主控制。例如无人机在自主飞行过程中，突遇大风、降雨等气象变化，或无人机偏离航线，以及遇到飞行故障，这时候需要人工干预进行遥控控制。随着飞行控制技术的不断发展，无人机将最终达到完全的自主控制飞行。

1.3　无人机的飞行原理

学习目标
（1）通过实验探究，认识空气动力学现象。
（2）学会运用熟悉的空气动力学现象解释飞机的升力。
（3）掌握四旋翼无人机是如何实现运动的。

1.3.1　飞行器的翼

生活中，我们常常提到的或在天上看到的"飞机"大多数是固定翼飞机，这种飞机是通过涡轮发动机产生前进的推力，飞机的前进产生气流，高速气流流过机翼产生升力。固定翼飞机的机翼相对于飞机的机身是固定的，而旋翼飞行器的翼不是固定的，旋翼飞行器的升力是通过旋翼的旋转产生的。无论是在天上飞行的固定翼飞机，还是悬停在空中的旋翼飞行器，都是靠翼与气流的相对运动来获得升力。并且固定翼飞机与旋翼飞行器的机翼剖面形状是相似的，如图 1.3.1 所示，因此他们升力产生的原理也是相似的。

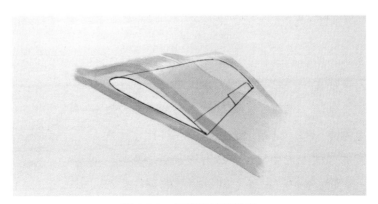

图 1.3.1　气流流过的机翼

固定翼飞机和旋翼飞行器的飞行都离不开空气，正是翼与空气的相互作用让他们获得了升力。那么空气在流过翼的过程中会发生哪些现象呢，升力又是怎么产生的呢？接下来我们一起通过实验来探究空气动力学现象。

空气动力学

研究飞机的运动离不开空气，是空气托举着飞机这样的庞然大物而没有让它掉落下来。当一个物体在空气中运动，不仅是飞机，甚至是被踢出去的足球、随风飞舞的花瓣（图1.3.2），等等，它们或是受到空气的阻力，或是受到风吹的动力。物体在空气中运动的现象就叫作空气动力学现象，流动的空气与物体作用产生的动力、阻力以及升力等都称为空气动力。

图 1.3.2　随风飞舞的花瓣

物体在气流中受到的空气动力跟物体的形状、大小、表面的光滑程度等因素都有关系，不仅如此，空气的一些特性也影响着气流中物体的运动，甚至决定着飞机能否飞起来。

1.3.2　空气的黏性

在自然状态下，所有的气体、液体在流动的过程中都存在一定的黏性。例如在一个杯子中倒入水，另一个杯子中倒入蜂蜜，当我们分别用一根筷子来搅动时，蜂蜜比水搅动起来阻力更大、更困难一些，这是因为蜂蜜的黏性比水要大。我们在倾倒蜂蜜的过程中也会发现，蜂蜜比水更加黏稠，如图1.3.3 所示。其实空气也有黏性，只是空气的黏性太小，不容易被我们察觉，下面通过实验来感受空气的黏性。

图 1.3.3　黏稠的蜂蜜

实验探究：流动空气的黏性

实验器材

3 ～ 10 根细的吸管（图 1.3.4）、透明胶带。

图 1.3.4 三根吸管

实验过程

先取一根吸管，将吸管的一端放入嘴中吹气；然后再取一根吸管，把两根吸管用透明胶带加长后再吹气，如图 1.3.5 所示；之后依次逐渐加长吸管并进行吹气实验，感受吹气过程中的阻力变化。

图 1.3.5 用透明胶带加长后的吸管

现象与结论

随着吸管的不断加长，我们发现对着吸管吹气越来越费劲。这是因为吸管越长，吸管的内壁与气流接触的面积就越大，吹气时遇到的阻力就越大，阻力的存在说明流动的空气具有一定的黏性。

我们还可以通过另一个实验来展示流动空气的黏性的存在。选择一个圆盘，这里可以使用一个大的轮子来代替，为了避免轮毂辐条对实验的影响，可以用剪刀剪出两个圆型的硬纸片，然后把两张圆型纸片粘贴到轮毂的两侧，将轮毂封闭起来，如图 1.3.6 所示。使用电机带动轮子高速旋转，如图 1.3.7 所示，加速装置是使用积木搭建的。

图 1.3.6 粘有纸片的轮子　　　　图 1.3.7 加速装置

当电机带动轮子高速旋转时，由于空气的黏性，圆盘周围的空气会被高速旋转的轮子带动起来形成风。这时候用手慢慢接近（不接触）轮子的边缘或是硬纸片，可以明显地感受到风的存在。

1.3.3 看不见的大气压

图 1.3.8 大气层的分布

晴朗的天空，仰望过去，看到的是一片蓝蓝的天，蓝蓝的天其实是阳光下的大气层，如图 1.3.8 所示，这层厚厚的、包裹着地球的大气层填充的就是空气。空气是有质量的，因此形成了大气压。在生活中，若把吸盘压在玻璃或瓷砖上，挤出里面的空气，会发现吸盘就很难拔下来，这就是因为大气压把吸盘紧紧地压在玻璃或瓷砖上。

实验探究：大气压的力量

实验器材

一个玻璃杯（杯子高于蜡烛的长度）、一支蜡烛、点火器、水、盘子。

实验过程

把蜡烛竖直粘在盘子的中央，然后在盘子中加入适量的水。点燃蜡烛，最后将杯子倒扣在蜡烛上，如图 1.3.9 所示。仔细观察水面和蜡烛会发生什么变化。

图 1.3.9 探究大气压的实验

现象与结论

可以看到杯子里的水面逐渐上升，过一会儿蜡烛熄灭了。蜡烛刚刚熄灭后，水位还会继续上升一段。

蜡烛的燃烧消耗氧气,当蜡烛将杯子里的氧气消耗完以后,蜡烛就熄灭了。因为杯子里的氧气被消耗了,杯子里的气压就会减小,而杯子外面的大气压就会高于杯子里的气压,大气压就把盘子中的水"压"进了杯子里,就好像水被吸进了杯子里。

想一想: 蜡烛刚刚熄灭后,水位为什么还会继续上升一段呢?

气压真的会"吸"吗?

我们在呼吸空气时会用到吸,在用吸管喝水时也会用到吸,这里的吸是我们对空气、水的一种作用和体验。

当我们用吸管喝水时,只要轻轻地吸一下,水就会通过吸管流进我们的嘴里。事实上,我们所谓的"吸"其实是大气压在"压",当我们用力吸时,口腔和吸管内的气压会变小,形成低压区,而大气压有个爱好,它总喜欢把气体、液体等物质从高压区"压"进低压区。在用吸管喝水的过程中,大气压就是通过吸管外的水面把水从高压区"压"进吸管和口腔内的低压区,如图1.3.10所示。这里的高压区指的是吸管和口腔外面的大气压,而大气压"压"的过程就是我们所谓的"吸"。

图1.3.10 用吸管喝饮料

倘若我们在吸管中间戳个较大的孔,那么即使我们用尽全身的力气去吸,也无法把水吸上来,原因是在吸的过程中吸管外面的空气会不断地从洞口进入吸管,吸管内洞口以下的部分很难形成低压区,大气压也就无法把水"压"上来。

由于在表述时"吸"比"压"更形象,易于理解,所以后面的表述中会依然用到"吸",大家只需要理解的是:气压不会"吸",只会"压","吸"是气压"压"的一种表现。

1.3.4 附壁效应

附壁效应指的是气流或水流会附着在弯曲物体的外表面上,从而偏离原来运动方向的一种流动现象,这个现象是亨利·科恩达发现的,亨利·科恩达是罗马尼亚的发明家和空气动力学家,人们为了纪念这位科学家,这种效应也称为科恩达效应。例如在使用杯子、碗、酒瓶等容器倾倒液体时,在倾角不大的情况下,液体容易沿着容器的外壁流动,如图 1.3.11 所示。将横着的圆柱形水杯逐渐靠近正在向下流动的自来水,也会看到原本竖直下落的水流开始沿着水杯弯曲的外壁流动,如图 1.3.12 所示,这些都是液体的附壁效应。

图 1.3.11 倾倒液体

图 1.3.12 水流的附壁效应

水流的附壁效应比气流的附壁效应更明显一些,以图 1.3.12 为例,在空气中竖直向下流动的自来水会紧贴水杯弯曲的外表面流动,其主要原因是水与杯子之间存在着吸附力,并且水流的表面也有很强的张力,在这两种力量的共同作用下,把水"拉向"了水杯的外表面,可以理解为水流是被水杯吸过去的。

⊙ 试一试

打开自来水龙头,自来水缓缓流下,将勺子用细绳悬挂竖起并向水流靠近,用勺子的背面去接触水流,如图 1.3.13 所示,在这个实验中除了可以看到水流的附壁效应外,你还能观察到什么?

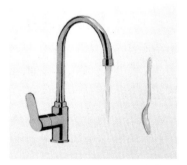

图 1.3.13 用勺子靠近水流

实验探究:空气的附壁效应——隔空吹蜡烛

实验器材

圆柱形杯子、蜡烛、点火器。

实验过程

将点燃的蜡烛立在桌面上,然后在蜡烛的正前方放置一个玻璃杯,玻璃杯需要高出火焰的高度。在与蜡烛火焰差不多高度的位置,隔着玻璃杯向蜡烛的方向轻轻吹一会儿,如图 1.3.14 所示。看看火焰有什么变化。由于实验中用到了明火,请在成人指导下进行实验,实验时要注意安全。

图 1.3.14 隔空吹蜡烛

实验现象

隔着杯子吹蜡烛时，蜡烛的火焰会熄灭。这是因为吹出的气流虽然被玻璃杯阻挡，但由于科恩达效应，气流会沿着圆柱形玻璃杯的外壁流动并到达火焰的位置，如图 1.3.15 所示，从而吹灭蜡烛。

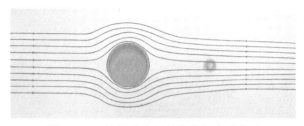

图 1.3.15　流经玻璃杯外壁的气流示意图

在隔空吹蜡烛的实验中，当气流刚到达玻璃杯外壁时，气流将沿着玻璃杯外壁的左右两侧流动，由于空气黏性的作用，气流在经过玻璃杯表面时会不断带走玻璃杯表面附近的空气，在图 1.3.16 所示的示意图中，空气的黏性将会让气流带走深蓝色区域的空气，玻璃杯的表面就会形成低压区，在大气压的作用下，气流被大气压压向玻璃杯表面，如图 1.3.17 所示，从而让气流沿玻璃杯表面流动，这就是流动空气的附壁效应形成的原因。

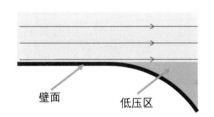

图 1.3.16　玻璃杯表面低压区示意图

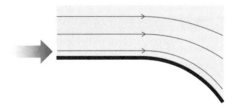

图 1.3.17　气流弯向低压区

⊙　**试一试**

在隔空吹蜡烛的实验中，如果用一个长方体盒子来代替玻璃杯的位置，隔着盒子向蜡烛的方向轻轻吹一会儿，看看火焰有什么变化，并解释其中原因。长方体的盒子可以是牙膏盒或其他类似形状的盒子，盒子的高度要大于火焰的高度。如果是纸盒或塑料盒，可以用铝箔纸将盒子包裹起来，避免盒子被蜡烛点燃。

1.3.5　伯努利原理

丹尼尔·伯努利是瑞士的数学家、物理学家。1726 年，伯努利通过无数次实验发现流速与压强存在这样的关系：无论是气体还是液体，流速越大，压强越小；流速越小，压强越大。为纪念这位科学家的贡献，人们把这一发现被称为"伯努利原理"。

例如，在如图 1.3.18 所示的一个粗细不均的管道中，水流在管道粗的地方流速慢，在管道细的地方流速快，这就好比河道中的水流，河道越宽水流越缓，河道越窄水流越湍急。根据伯努利原理，可以得知管道中的水流在流速快的地方压强小，流速小的地方压强大。向类似这样的管道中吹入气流也会得出同样的结论。

图 1.3.18　管道中的水流

1.3.6　翼的升力

当空气流经翼的前方时，一部分空气会流过翼的上方，另一部分空气会流过翼的下方，由于翼的下表面几乎是平直的，对流经其下表面的空气流速几乎没有影响，翼的下表面受到的气压也就接近于大气压。

翼的上表面是凸起弯曲的，如图 1.3.19 所示，当空气流过翼的上表面时，由于附壁效应，使得原本直线流动的空气被翼弯曲的上表面"吸"了过来，沿着翼的上表面弯曲流动，一直流向翼的后下方。气流弯曲产生的"离心力"使得翼的上表面形成了低压区，这个低压区里的气压要比大气压小得多，低压区还将向上"吸"着翼的上表面，这就是升力的主要来源。通过增大空气的流速或翼的迎角可以提高升力。

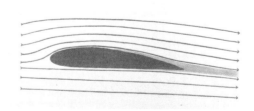

图 1.3.19　流经翼的气流示意图

比较翼的上、下表面受到的气压和压力，由于翼下表面的气压大于上表面的气压，翼受到的总压力向上，而这个总压力就是飞机的升力，所以翼的升力是由于翼上、下表面受到的压力差产生的。如图 1.3.20 所示，在翼的上方，蓝色区域的气压低于大气压，并且颜色越深的区域气压越小；在翼的下方，红色区域的气压大于大气压，并且颜色越深的区域气压越大。

图 1.3.20 翼的气压分布示意图

翼的上方形成的低压区对将要流过来的空气也有"吸"的作用,造成了上表面气流的加速运动。根据伯努利原理也可以推断出,压强小的地方流速大,所以翼上表面的气流速度比翼下表面的气流速度要快。

1.3.7 无人机的运动原理

四旋翼无人机通过调节四个电机的动力来改变螺旋桨的转速,实现升力和反扭力的变化,进而达到控制飞行姿态的目的,四个螺旋桨转速的默契配合实现了无人机的垂直运动、俯仰运动、横滚运动、偏航运动和翻滚。

1. 垂直运动与悬停

垂直运动即控制无人机的升降和悬停,如图 1.3.21 所示。同时增大四个螺旋桨的转速,无人机的总升力增加,当总升力大于无人机的总重力时,无人机开始起飞并逐渐上升;当飞在空中的无人机的总升力小于总重力时,无人机开始下降。当无人机处于悬停状态时,无人机的总升力等于总重力。

图 1.3.21 无人机的升降运动

2. 俯仰与前后运动

俯仰运动即控制无人机的前飞、后飞以及向前或向后翻滚。当飞控系统控制无人机前方两个电机的转速同步下降,后方两个电机的转速同步上升,无人机会向前倾斜,实现无人机俯的动作,如图 1.3.22 所示。当飞控系统控制无人机前方两个电机的转速同步上升,后方两个电机的转速同步下降,无人机会向后倾斜,实现无人机仰的动作,如图 1.3.23 所示。若无人机前后电机的转速差值在一定范围内,可实现无人机的前后运动,若转速差值超过一定范围,以至于俯仰角度超过90°,无人机就会表现出向前(向后)翻滚。

图 1.3.22 无人机前倾：向前飞行　　　　图 1.3.23 无人机后仰：向后飞行

3. 横滚与左右运动

横滚即控制无人机的左右飞以及控制无人机向左或向右翻滚。无人机的左右判断以假设有人驾驶无人机时，左手边为无人机的左侧，右手边为无人机的右侧。当飞控系统控制无人机左侧两个电机的转速同步下降，右侧两个电机的转速同步上升，无人机会向左倾斜，如图 1.3.24 所示。当飞控系统控制无人机左侧两个电机的转速同步上升，右侧两个电机的转速同步下降，无人机会向右倾斜，如图 1.3.25 所示。若无人机左右两侧电机的转速差值在一定范围内，可实现无人机的左右侧向运动，若转速差值超过一定范围，以至于左右倾斜角度超过 90°，无人机就会表现出向左（向右）翻滚。

图 1.3.24 无人机左倾：左侧飞　　　　图 1.3.25 无人机右倾：右侧飞

4. 偏航运动（自旋）

偏航运动是对无人机顺时针或逆时针旋转的控制，四旋翼无人机的转向可以借助螺旋桨的反扭力来实现。在无人机处于悬停且方向保持不变时，无人机的螺旋桨旋转产生的反扭力相互抵消。若无人机左前方和右后方的螺旋桨顺时针转动的速度增大，另外两个螺旋桨逆时针转动的速度降低，保持总升力不变，这时候无人机机身会受到逆时针方向上的反扭力，实现无人机的逆时针旋转，如图 1.3.26 所示。若无人机右前方和左后方的螺旋桨逆时针转动的速度增大，另外两个螺旋桨顺时针转动的速度降低，保持总升力不变，这时候无人机机身会受到顺时针方向上的反扭力，实现无人机的顺时针旋转，如图 1.3.27 所示。

图 1.3.26　无人机逆时针（向左）旋转　　　图 1.3.27　无人机顺时针（向右）旋转

1.4　安全飞行

学 习
目 标
（1）了解气象环境对无人机飞行的影响，掌握无人机在哪些气象条件可以飞行。

（2）了解无人机可飞行的场地区域，掌握哪些区域是无人机禁止飞行的区域。

（3）通过无人机飞行的法规和条例的学习，学会 TT 无人机的正确飞行。

从风和日丽到雨雾蒙蒙，这些天气的变化正是大气运行状态的表现，人们的活动或多或少会受到自然天气的影响，对此感受最强烈的莫过于空中的飞行器，例如飞机航班的运行、无人机的外出作业，等等。无人机也是飞行在大气中，天气的变化会直接影响无人机的飞行。

1.4.1　无人机的飞行环境

1. 避免高温、低温天气飞行

无人机在正常飞行过程中，电机和电路板会连续产生大量的热，在高温天气下，如果无人机在户外飞行，由于太阳直射，电机和电路板非常容易过热，造成无人机损坏。另外，无人机的电池能承受的最高温度是40℃，所以电池也不能长时间置于太阳下，特别是夏天室外温度比较高时，室外温度可能达到40℃以上（图 1.4.1）。

图 1.4.1　高温天气

在非常寒冷的天气中（图 1.4.2），无人机最好不要飞行太久，过低的气温会降低电池的效率，容易导致电机停转等意外情况发生。

图 1.4.2　严寒天气

大气的温度随着海拔的升高会逐渐降低，这也是高山上会有积雪且常年不会融化的原因，所以无人机在进行高空飞行时，一定要注意过低的气温对电池的影响，尽量避免超高空飞行。

2. 避免雨、雪、冰雹、雾等天气飞行

无人机不适宜在降雨（图 1.4.3）、降雪、冰雹天气条件下飞行，无人机的电机为了散热，在其顶部设计了两个小圆孔，电机进水后容易造成电机内的线圈短路，从而损坏电机。

大雾天气能见度降低（图 1.4.4），大气湿度非常大，无人机在雾天飞行不仅会对目视飞行造成障碍，而且无人机的表面也会变得非常潮湿，不利于无人机的安全飞行。

图 1.4.3　雨天

图 1.4.4　大雾天气

3. 避免在有风环境中飞行

在有风的环境中，无人机为了保持姿态和飞行，会耗费更多的电量，续航时间会缩短，尤其质量小、抗风能力差的无人机，其飞行稳定性会大幅下降，同时还要注意最大风速不要超过无人机的最大飞行速度（TT 无人机的最大飞行速度是 8 米 / 秒）。风往往是多变的，例如，现在风速是 3 米 / 秒，下一刻可能就是狂风大作；或者在低

空飞行几乎无风，但飞到 10 米以上时却有大风。所以无人机户外飞行时一定要时刻关注风速和风向，尽可能选择无风天气进行低空飞行，避免无人机损坏或丢失。风级表如表 1.4.1 所示。

表 1.4.1　风级表

风级	名称	风速 /（米 / 秒）	陆地地面物象
0	无风	0.0 ～ 0.2	静，烟直上
1	软风	0.3 ～ 1.5	烟示风向
2	轻风	1.6 ～ 3.3	感觉有风
3	微风	3.4 ～ 5.4	旌旗展开
4	和风	5.5 ～ 7.9	吹起尘土
5	清风	8.0 ～ 10.7	小树摇摆
6	强风	10.8 ～ 13.8	电线有声
7	劲风	13.9 ～ 17.1	步行困难
8	大风	17.2 ～ 20.7	折毁树枝
9	烈风	20.8 ～ 24.4	小损房屋
10	狂风	24.5 ～ 28.4	拔起树木
11	暴风	28.5 ～ 32.6	损毁重大
12	台风（飓风）	32.7 ～ 36.9	摧毁极大

TT 无人机适合在气温 0 ～ 40℃、光线良好的室内或天气晴好且无风的室外环境中飞行，地面平坦、场地开阔，建议在实际飞行时高度保持在 10 米以下。

1.4.2　无人机的飞行区域

当无人机被越来越多的人使用时，风险也随之而来。无人机的起飞和降落很容易引起飞行事故，飞行的地点以及周边的环境也直接影响无人机的飞行安全。一定要给无人机选择一个安全的区域飞行，以免无人机出现坠毁或撞击等情况。

TT 无人机属于微型的教育无人机，不具备在实际场景中的应用能力，在飞行时优先选择室内环境，室内环境特别适合无人机的编程飞行，若在室外飞行，需要选择一个海拔低、人烟稀少、地面平坦开阔的安全场地。

在无人机起飞前需要对无人机进行全面检查。检查机身是否正常，螺旋桨安装是否正确牢固，电池电量是否充满以及电池与无人机是否固定到位。无人机在飞行中一定要配有螺旋桨保护罩，切勿用手直接接触正在旋转的螺旋桨，以免割伤（图 1.4.5）。由于无人机视觉定位系统适合的高度为 0.3 ～ 30 米，因此需要控制无人机在这个高度范围内飞行，同时要求环境亮度适中，地面平整有纹理。

图 1.4.5 严禁用手触碰旋转的螺旋桨

无人机的飞行应在海拔 1000 米以下，地面平坦开阔，光线充足，例如没有活动的学校田径运动场、无人机活动的广场，等等。飞行时还要保持无人机在视线范围内控制，远离电磁干扰源、树木、建筑物、障碍物、人群、鸟群、水面、机场、输电线（图 1.4.6）、马路（图 1.4.7）以及空中的其他飞行物体（如风筝）等。不能在地面高度落差较大的情况下飞行，例如将无人机从某楼层的室内飞往室外，较大的落差可能导致定位功能异常，无人机有坠落的危险。

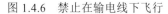

图 1.4.6 禁止在输电线下飞行　　　　图 1.4.7 禁止在建筑物和道路上空飞行

如果个人无人机进入飞机与直升机航空管制区域，可能会对这些飞行器的导航系统产生影响，以至于造成坠机事故。如果无人机的操控者不够小心，还可能损坏电缆、建筑等公共设施，甚至能伤人。因为这些原因，政府管理部门制定了相应的无人机飞行管制措施。例如，无人机不得在人群密集的区域、军事重地、政府机关单位等禁飞区域飞行。

一些无人机制造商已经把无人机的管制规则嵌入生产的无人机。如图 1.4.8 所示，以粉色显示的像一个糖果形状的区域是机场禁飞区。当无人机飞近机场或其他管制区域时，无人机将会自动降落。如需要在 120 米以上空域或者非适飞空域飞行，需要通过综合监管平台提前进行飞行申请。

图 1.4.8　机场禁飞区域（来源：大疆官方网站）

1.4.3　无人机的飞行法规与条例

无人机飞行需要遵守以下法律法规，避免可能的伤害和损失。

（1）禁止无人机在超过限定高度的空域飞行。

（2）禁止无人机在人口或建筑物密集地区飞行。

（3）使用无人机进行拍摄时务必尊重他人的隐私权。

（4）禁止无人机搭载任何违法危险物品飞行。

（5）禁止无人机在机场、政府大楼、交通要道、军事设施等法律规定的禁飞区飞行。

（6）确保无人机飞行时不会对载人飞行器造成影响，切勿在载人飞行器附近飞行，必要时立即降落。

（7）确保无人机在操控者的视线范围内飞行，若有必要可安排观察员监控无人机的位置。

（8）无人机飞行前要确保飞行的区域是被法律允许的，依据法律法规，飞行前需要了解禁飞区。禁飞区指某一领地的上空禁止任何未经特别申请许可的飞行器飞入或飞越的空域。可到大疆官方网站查询限飞区，网址为 https://www.dji.com/cn/flysafe/geo-map。

依照中国民用航空局《无人驾驶航空器飞行管理暂行条例》的规定，空机质量小于 250 克的无人机称为微型无人机，微型无人机是无人机中最轻的机型，规定要求微型无人机最大飞行真高不超过 50 米，最大飞行速度不超过 40 千米 / 小时。TT 无人机起飞质量只有 87 克，属于微型无人机。

微型无人机在适飞空域飞行不需要持有合格证或执照，只要了解飞行法规和风险提示即可。如果无人机需要在隔离区域飞行，需由申请人在拟使用隔离空域 7 个工作日前，向有关飞行管制部门提出申请。

依照中国民用航空局《无人驾驶航空器飞行管理暂行条例》的第二十七条规定，未经批准，微型无人机禁止在以下空域飞行：

（1）海拔 50 米以上空域。

（2）空中禁区以及周边 2000 米范围。

（3）空中危险区以及周边 1000 米范围。

（4）机场、临时起降点围界内以及周边 2000 米范围的上方。

（5）国界线、边境线到我方一侧 2000 米范围的上方。

（6）军事禁区以及周边 500 米范围的上方，军事管理区、设区的市级（含）以上党政机关、监管场所以及周边 100 米范围的上方。

（7）射电天文台以及周边 3000 米范围的上方，卫星地面站（含测控、测距、接收、导航站）等需要电磁环境特殊保护的设施以及周边 1000 米范围的上方，气象雷达站以及周边 500 米范围的上方。

（8）生产、储存易燃易爆危险品的大型企业和储备可燃重要物资的大型仓库、基地以及周边 100 米范围的上方，发电厂、变电站、加油站和大型车站、码头、港口、大型活动现场以及周边 50 米范围的上方，高速铁路以及两侧 100 米范围的上方，普通铁路和省级以上公路以及两侧 50 米范围的上方。

（9）军航超低空飞行空域。

上述微型无人机禁止飞行空域由省级人民政府会同战区确定具体范围，由设区的市级人民政府设置警示标志或者公开相应范围。警示标志设计，由国务院民用航空主管部门负责。

无人机"黑飞"

未取得民航总局许可的飞行都称为"黑飞"，例如未取得飞行驾照的飞行，在已被禁止的空域飞行，未进行飞行许可登记的飞行，等等。

随着无人机的普及，摄影、航模等爱好者们使用无人机进行拍摄和娱乐也越来越多。与此同时，无人机"黑飞"的现象也逐渐增多，从而导致无人机险情频发。在日常生活中，我们或许看到过无人机在高楼间、人群密集处的上空穿梭飞行，然而一阵强风、飘忽不定的信号、避障不及都可能导致无人机失控。而无人机一旦从高空坠落，后果不堪设想。

2013 年北京某航空科技公司的三位工作人员操控无人机进行航拍测绘，由于他们不具备操纵无人机的资质且未申请空域，所以属于"黑飞"行为。这次"黑飞"导致多架民航飞机避让和延误，给航空公司带来了很大的经济损失。另外，还惊动了军区，先是军用雷达监测发现以为是不明飞行物，随后空军安排两架歼击机待命升空，并出动两架直升机升空将其迫降。期间共有 1226 人参与处置这次飞行事件，雷达开机 23 部，动用车辆 123 台。"黑飞"行为一般会被处以罚款或是行政拘留，而这次的"黑飞"的后果是以"过失以危险方法危害公共安全罪"被起诉。

2016 年一架无人机突然出现在成都双流国际机场东跑道航班起降空域，导致该跑道停航关闭 80 分钟，直接造成 55 个航班不能正常起降。

我国将正式对质量在 250 克以上的民用无人机实施实名登记注册，无人机拥有者如果未按管理规定实名登记和粘贴登记标志，其飞行行为将被视为非法。中国民航局发布了首批 155 个民用机场保护范围数据，划定无人机机场禁飞区。

1.5　无人机遥控飞行

 学习目标

（1）将无人机与平板设备进行无线信号的连接，学会起飞和降落无人机。

（2）通过基础操作的训练，学会遥控无人机前进/后退、上升/下降、左转/右转、左侧飞/右侧飞等飞行动作。

（3）尝试各种航线的飞行练习，培养手眼协调能力，锻炼空间感知力。

（4）通过无人机操控练习，掌握无人机航拍技巧，并运用无人机进行航拍。

1.5.1　连接 TT 无人机

当一架崭新的大疆 TT 无人机出现在面前，如图 1.5.1 所示，想必内心一定有抑制不住的兴奋，现在让我们一起开启玄幻奇妙的无人机飞行之旅吧。

TT 无人机可通过电脑编程进行自主或半自主控制飞行，也可以通过装有 Android 或 iOS 系统的平板电脑、手机等设备对 TT 无人机进行遥控飞行，如图 1.5.2 所示。

图 1.5.1　飞行中的 TT 无人机

图 1.5.2　无人机与平板设备通过 WiFi 连接

　　在 TT 无人机的遥控飞行中，除了可以操控无人机在空中做出各种飞行动作，还可以进行空中拍摄，操控者在平板设备上能够实时查看无人机飞行过程的画面，当遇到一处美景时，可以拍成照片，甚至是录制视频，以此来记录美好的时光，如图 1.5.3 所示。

图 1.5.3　无人机航拍

1.5.2　遥控起飞无人机

　　使用平板设备搜索下载并打开 TT 无人机 App Tello，App 图标如图 1.5.4 所示。给无人机装上满电的电池，将拓展模块固定在机身上方，拓展模块的连接线插入机身左侧的 Micro USB 插口上，按下无人机的开机按钮，开机成功后，无人机的指示灯亮起，拓展模块上的点阵屏会显示文字"TT"，同时点阵屏下面的最后一行有 TOF 测距显示和电量显示，如图 1.5.5 所示。

图 1.5.4　Tello App 图标

图 1.5.5　开机后的 TT 无人机

TT 无人机在连接拓展模块时，先将拓展模块上的模式切换为单机模式，如图 1.5.6 所示，其 WiFi 名称为 RMTT-××××，这个名称在该无人机拓展模块的后方标签上可查看，如图 1.5.7 所示；若想提高无人机的飞行性能，延长电池的续航时间，在无人机的遥控飞行过程中可以不安装拓展模块。

图 1.5.6　拓展模块上的单机 / 组队模式切换　　　图 1.5.7　拓展模块上的 WiFi 名称

无人机在没有连接拓展模块时，其 WiFi 名称为 Tello-××××，这个名称在该无人机电池槽的内侧标签上，如图 1.5.8 所示。打开平板设备的 WiFi 搜索该无人机的 WiFi 信号并连接，连接成功后打开 Tello App，这时候会自动进入飞行控制界面。需要注意的是，首次拆封开机的无人机必须使用 Tello App 连接激活，当在屏幕上出现需要授权和激活的对话框时，点击确认即可，否则无人机无法正常起飞。

图 1.5.8　无人机电池槽内侧标签上的 WiFi 名称

使用平板设备与 TT 无人机进行 WiFi 连接即可控制 TT 无人机的飞行，连接成功后，平板设备的屏幕上会实时显示无人机的前方画面，如图 1.5.9 所示，同时屏幕上方从左向右依次显示的图标有起飞 / 降落按钮、飞行模式按钮、设置按钮、电池电量、WiFi 连接状态、蓝牙连接状态、飞行速度、飞行高度、回放按钮、拍照 / 录像切换按钮和拍摄按钮，其中间的图案区域为无人机拍摄的实时画面。

屏幕下方的左右两侧各有一个圆形的虚拟摇杆，用手指轻点圆形内的摇杆区域并移动，可"拨动"虚拟摇杆来控制 TT 无人机的前后、左右、升降和旋转动作的飞行。虚拟摇杆的功能见表 1.5.1。

图 1.5.9　平板设备屏幕上的显示界面

表 1.5.1　虚拟摇杆的功能

虚拟摇杆	功能
左摇杆	油门摇杆控制无人机的升降。向上推摇杆，无人机上升。向下拉摇杆，无人机下降，当无人机接近地面时，一直向下拉摇杆，无人机降落。当摇杆在中位时，无人机的高度保持不变（自动定高）
左摇杆	偏航摇杆控制无人机的朝向。向左拨动摇杆，无人机逆时针旋转。向右拨动摇杆，无人机顺时针旋转。当摇杆在中间位置时，无人机不旋转。摇杆杆量（拨动幅度）控制无人机旋转的快慢，杆量越大，旋转越快
右摇杆	俯仰摇杆控制无人机的前后飞行。往上推杆，无人机向前倾斜，并向前飞行。往下拉杆，无人机向后倾斜，并向后飞行。当摇杆在中间位置时，无人机的前后方向保持水平。摇杆杆量（拨动幅度）控制无人机前后飞行的速度，杆量越大，飞行速度越快
右摇杆	横滚摇杆控制无人机的左右飞行。向左拨动摇杆，无人机向左倾斜，并向左飞行。向右拨动摇杆，无人机向右倾斜，并向右飞行。当摇杆在中间位置时，无人机的左右方向保持水平。摇杆杆量（拨动幅度）控制无人机左右侧飞的速度，杆量越大，飞行速度越快

为了提高 TT 无人机遥控飞行的操控性能，可以另外添加一个遥控手柄，遥控手柄可选用 GameSir T1D 遥控器，它通过蓝牙与平板设备连接，而无人机继续通过 WiFi 与平板设备连接，如图 1.5.10 所示。

开启平板设备的蓝牙，无人机与平板设备通过 WiFi 连接成功后，在平板设备的飞行控制界面点击"飞行器设置"按钮，然后选择"蓝牙手柄设置"，点击"Gamesir-

T1d-××××"，成功连接遥控手柄，如图 1.5.11 所示。这时屏幕上的虚拟摇杆不会显示，如图 1.5.12 所示，通过操控遥控手柄的摇杆就可以直接控制无人机的飞行。

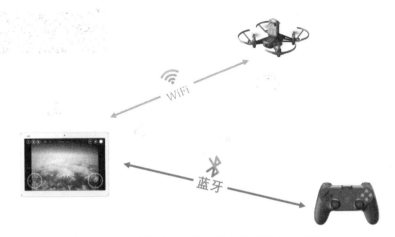

图 1.5.10　遥控手柄、无人机与平板设备的连接

图 1.5.11　蓝牙连接

图 1.5.12　连接蓝牙后的屏幕

可以通过"蓝牙手柄设置"界面中的"手柄按键说明"和"如何连接蓝牙手柄"来获得连接和遥控无人机的方法，其中遥控手柄上两个摇杆的操作功能与虚拟摇杆相同。遥控手柄上的按键功能如图 1.5.13 所示。

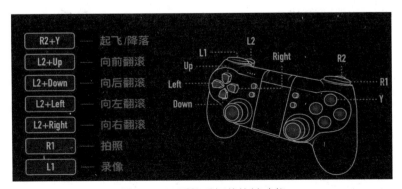

图 1.5.13　遥控手柄的按键功能

在无风、晴朗的天气条件下选择平坦开阔、地面纹理明显的室内或室外场地，将无人机放置在平整的地面上，用手指点击起飞屏幕左上方的"起飞"按钮，在弹出的界面中，向右滑动圆形图标，如图1.5.14所示，无人机将自动起飞至距离地面约80厘米的高度处悬停。若点击"取消"按钮 取消 则意味着放弃起飞。

图 1.5.14　起飞无人机

无人机起飞后，屏幕上的起飞图标会自动变为"降落"图标，点击"降落"图标会出现两种降落的方式：一键降落和手上降落，除了使用以上两种方式降落无人机外，还可以直接向下拨动摇杆下降直至无人机降落到地面上，螺旋桨停止旋转。

TT 无人机的遥控飞行非常简单，但若是第一次体验遥控飞行还需要谨慎操作，既要学会起飞，更要提前掌握降落的方法。遥控无人机飞行时，手柄摇杆拨动的幅度要小一点，学会控制无人机缓慢移动，避免与物体发生碰撞。先练习无人机的起飞和降落，然后练习拨动摇杆控制无人机的升降和旋转，初次飞行可在低空进行，飞行高度控制在 30 ～ 50 厘米，建议上升的最大高度不要超过自己的身高。等操作稍微熟练后，再开始小幅拨动摇杆，练习无人机前后左右的飞行。

当能够自如地控制无人机飞行时，再尝试无人机的翻滚动作以及快速飞行。初次飞行往往都想体验无人机高空极速飞行的乐趣，但是，无论你的操作已经多么熟练，飞行前都要对无人机和遥控设备做好全面检查，熟悉飞行环境，小心操作。因为任何时候都要清楚：稍有不慎，无人机都将面临坠落的风险，我们随时可能失去这架无人机，还有可能带来其他的危险。

TT 无人机的摇杆模式有两种："美国手"和"日本手"。所谓"美国手"，就是将无人机的升降和旋转分配到左摇杆，前后左右的运动分配到右摇杆，如图1.5.15所示；而"日本手"则是将前后和旋转分配到左摇杆，将升降和左右分配到右摇杆，如图1.5.16所示。

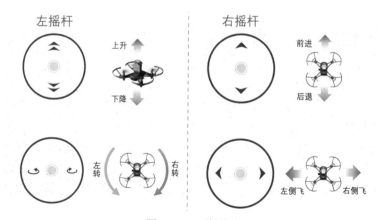

图 1.5.15　美国手

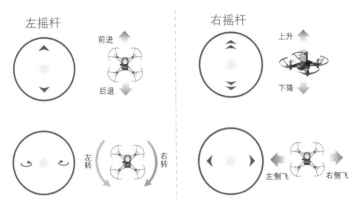

图 1.5.16　日本手

TT 无人机的遥控模式在开启时默认为"美国手"，用户可以根据自己的喜好或习惯选择其中一种模式来控制无人机的飞行。可通过打开"设置"界面，选择"更多设置"，在"摇杆设置"中选择想要的一种遥控模式，如图 1.5.17 所示。

图 1.5.17　飞行器设置界面

如果将升降和旋转分配到右摇杆，前后左右分配到左摇杆，这就是俗称的"中国手"，如图 1.5.18 所示。

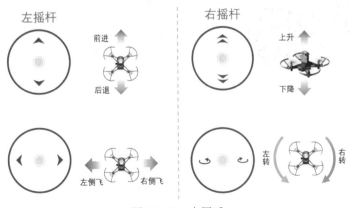

图 1.5.18　中国手

选择适合自己的操作模式

有人说"日本手"更适合对于飞行路线有精确要求的飞行任务，例如遥控飞行多旋翼进行航拍；"美国手"是将前后左右的运动交给灵活的右手来控制，更适合多数人的操作习惯，并且"美国手"跟固定翼飞机的控制模式有相似之处，所以很多人会选择"美国手"。但不管是哪种遥控模式，最终还要取决于操控者的习惯，尤其对于初学者来说，适合自己就是最好的。无论选择哪种遥控模式，只要勤加练习，都能达到熟能生巧的境界。

曾有一篇文章这样分析"美国手"和"日本手"，文章提到一位教练培养出很多世界冠军，在询问为什么很多专业的飞手都是日本手？这位教练说道："除了早年设备都是日本手这个原因外，还有一个原因就是用并不惯用的左手控制前进后退，左手的天生弱项反而可以让飞手通过训练进行更加精细的操控，因此很多顶级高手使用这种方式。"

为了无人机操作的简单化，TT 无人机还提供弹跳模式、一键 360 模式、八向翻滚模式、抛飞模式、一键飞远模式、一键环绕模式，在屏幕上方点击"飞行模式"按钮 ⊙ 可进入飞行模式选项，但在智能飞行时需要确保无人机的电池电量在 50% 以上。

如图 1.5.19 所示，在全向翻滚模式中，通过在屏幕出现的虚线矩形框中往中心线与对角线方向滑动无人机，将自动往该方向翻滚。在无人机的飞行中也可实现翻滚，无人机共有八个翻滚方向，如图 1.5.20 所示。

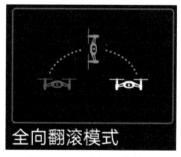

图 1.5.19　全向翻滚模式

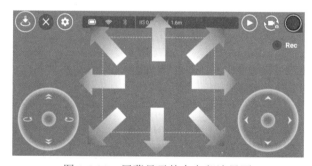

图 1.5.20　屏幕显示的全向翻滚界面

抛飞模式是一种自动起飞方式，如图 1.5.21 所示，进入抛飞模式后，无人机的螺旋桨将缓慢转动，这时候需在 5 秒内将无人机沿水平方向轻轻抛出，无人机即可飞出并悬停。如果 5 秒内未将无人机抛出，螺旋桨将自动停止转动，这也意味着无人机已退出抛飞模式。点击"设置"选择弹跳模式，如图 1.5.22 所示，再点击"开始"，进入无人机弹跳模式，无人机将会自动在离起飞地面 50 ～ 120 厘米的高度区间上下弹跳，若是感应到下方较近的距离有物体时，例如将手掌置于无人机下方的 30 厘米处，无人机将会上升一小段高度，然后继续弹跳。点击屏幕上方的"模式退出"按钮 ⊗，可直接退出弹跳模式。

　　　　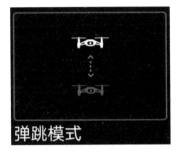

图 1.5.21　抛飞模式　　　　　　　　图 1.5.22　弹跳模式

⊙　**试一试**

（1）遥控无人机起飞后，控制无人机精准着落，如图 1.5.23 所示。

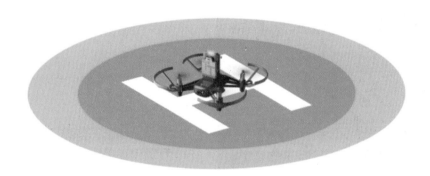

图 1.5.23　无人机精准降落

（2）无人机起飞后，沿矩形航线飞行，矩形面可以平行于地面，也可以垂直于地面，如图 1.5.24 所示。

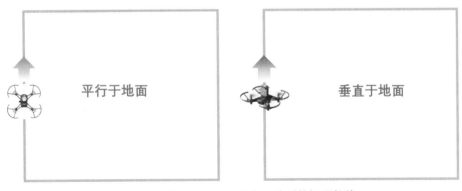

图 1.5.24　平行于地面和垂直于地面的矩形航线

1.5.3　无人机遥控飞行练习

熟悉无人机的简单飞行动作后，就可以控制无人机在空中飞来飞去，但要获得更高的飞行水平，还需要通过专门的项目训练来掌握高超的飞行技术。

1. 五边飞行

五边飞行是固定翼飞机飞行员的一门重要的基础课程，飞行员需要驾驶飞机沿着五边航线环绕机场飞行，如图 1.5.25 所示。飞行员可从五边飞行中学习起飞、爬升、转向、平飞、下降及降落等重要的飞行技巧。从机场上方来看，五边航线实际上是一个四边形，如图 1.5.26 所示，只是在立体情况下，由于飞机离场边和进场边的性质以及飞行高度都不一样，所以把这条边一分为二，成了五边。参考固定翼飞机五边飞行的航线，在地面画出航线的投影图，遥控无人机起飞到一定高度，然后沿着五边航线飞行。

　　图 1.5.25　五边飞行航线立体图

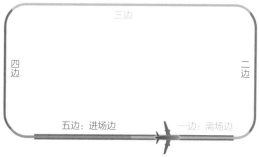
　　图 1.5.26　五边飞行航线俯视平面图

2. 环绕飞行

环绕飞行是控制无人机沿环形航线飞行，通过环绕飞行可以训练操控者的控制力。环绕飞行有两种基本的飞行方式，一种是无人机的朝向与飞行方向一致，即无人机沿着圆形航线飞行，如图 1.5.27（a）所示；另一种是无人机绕着一个中心点转，而无人机的头部朝向圆心，这种飞行方式俗称刷锅，如图 1.5.27（b）所示。在飞行中，还可以通过改变环绕半径、飞行高度、飞行速度、飞行方向、无人机的朝向以及环绕面相对水平面的角度来进一步提高飞行技术。当熟练掌握这样的飞行技能后，用户就可以控制无人机在空中飞出适度匀称的弧线，增强飞行的方向感，有助于控制无人机飞跃障碍，也有利于遥控无人机进行空中拍摄。在实际的应用中，通过控制无人机对巡检设备的环绕飞行，实现快速的全方位环绕检查，这也是一种较为高级的航拍手法。

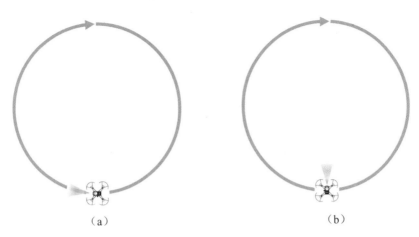

（a）　　　　　　　　　　　　（b）

图 1.5.27　环绕飞行

3. "8" 字飞行

"8" 字飞行是环绕飞行的进阶训练项目，"8" 字飞行是遥控无人机按照手写 "8" 字的笔画的方向（或反向）作为航线飞行，无人机朝向航线方向，如图 1.5.28 所示。航线由一个逆时针的圆和一个顺时针的圆组成，主要是训练操控飞机的能力。"8" 字飞行的操作重点是需要同时控制俯仰、偏航和横滚杆，稍有偏差无人机的航线就跑偏了。所以练习时要匀速推杆，熟悉无人机的姿态变化，才能真正飞出 "8" 字航线。

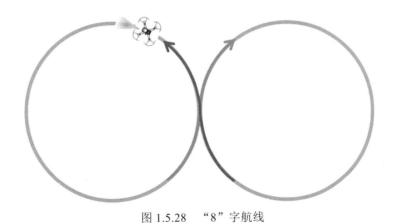

图 1.5.28　"8" 字航线

4. 障碍飞行

无人机的遥控飞行训练还可以通过在场地中添加一些道具作为飞行障碍，通过遥控无人机在道具中穿越飞行，以此来全面提高无人机的操控能力和空间判断能力。根据训练需求，可在场地中按照一定的空间位置摆放刀旗标杆、圆环、半圆环、涵洞、隧道等飞行道具，如图 1.5.29 所示。

图 1.5.29　障碍飞行场地

5. 第一视角飞行

"第一视角飞行"（First Person View，FPV）是无人机的另一种飞行方式，无人机上装有无线图像传输设备，操控者不需要仰视无人机，而是在地面上通过显示屏或 VR 视频眼镜观看无人机飞行时的前方画面，这时操控者与无人机拥有相同的视角，以此操控无人机前进。以无人机的视角看世界，可以体验近似亲自飞翔的感觉。

有专门为提供第一视角飞行设计的无人机，这样的无人机称为穿越机。穿越机的特点是飞行速度极快，并配有 VR 视频眼镜。当戴上 VR 视频眼镜操控无人机飞行时，操控者有一种坐在驾驶舱内的感觉，可以体会到无人机在各种障碍物中穿梭，宛如亲临。但这一切惊奇流畅的飞行体验都依赖于操控者能够在各种场景中自如地遥控无人机。

当已经掌握了一定的飞行技术之后，在遥控显示屏的设置界面中选择"VR 飞行"，即可使用 TT 无人机初步体验第一视角飞行带来的视觉冲击感。

无人机遥控飞行练习需要正确的方法和耐心，只有勤加练习才能有所进步。无人机遥控飞行练习还可以通过模拟器来实现，无人机飞行模拟器可以让操控者抛开各种顾虑，并且不受场地、天气、电池电量等诸多因素的限制。在模拟器中遥控虚拟的无人机对练习飞行技巧有很多好处，但一定要认真对待每一次起飞。

1.5.4　无人机航拍

TT 无人机有一个前置摄像头，而这个摄像头也是一个相机，按下这个相机的拍摄键，我们从空中欣赏风景的同时，也可以随时记录那些稍纵即逝的美好画面。无人机的前置相机可拍摄 500 万像素的照片和 720dpi 的高清视频，同时相机还提供电子增稳技术，使拍摄的画面更加稳定流畅。在飞行器设置中，可以通过修改相机的 EV 值来调整相机的曝光量，以适应当前拍摄环境的亮度，根据拍摄需求可选择高质量图片拍摄，如图 1.5.17 所示。使用无人机在空中拍摄风景，就是人们所谓的航拍。

如图 1.5.30 所示，点击屏幕右上方的"拍摄模式"按钮，可在拍照 / 录视频之间切换。在拍照模式时，点击"拍摄"按钮即可开始拍摄照片。在视频录制模式时，点击"拍摄"按钮即可开始录制视频，在视频录制过程中点击"停止录制"按钮，则视频录制结束，拍摄好的照片和视频被保存在平板设备中，通过点击"回放"按钮可查看已拍摄的视频和照片。

图 1.5.30　正在进行视频拍摄的画面

当无人机从地面安全起飞后，手动操作无人机飞行在空中寻找美景，通过遥控无人机缓缓上升、悬停、降落、直线飞行、曲线飞行、360°旋转拍摄以及"8"字飞行等方式拍摄照片和视频。除此之外，还可以采用更简单的智能飞行方式进行视频拍摄，TT 无人机提供专门的、用于航拍的模式，有一键飞远模式、一键 360 模式、一键环绕模式，通过在屏幕上点击"飞行模式"按钮选择需要的飞行模式，使用这些飞行模式可以让用户轻松驾驭无人机并拍摄出非常精美的画面。

一键 360 模式可以让无人机在原地缓慢旋转 360°并自动拍摄视频，如图 1.5.31 所示。将无人机朝向拍摄目标，启动一键飞远模式，无人机将向后上方飞出一段距离并拍摄视频，如图 1.5.32 所示。使用一键环绕模式，无人机将以当前的朝向延伸 2 米处为圆心，沿顺时针航线环绕飞行并拍摄视频，如图 1.5.33 所示。在每种飞行模式拍摄完成后，无人机会自动退出该模式。在拍摄的过程中操作者也可以点击屏幕上方的"×"按钮退出该模式，模式退出后，无人机即刻停止拍摄和飞行，并在当前位置处悬停。

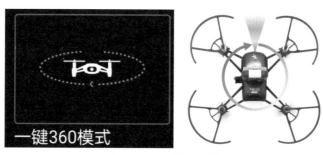

图 1.5.31　一键 360 模式

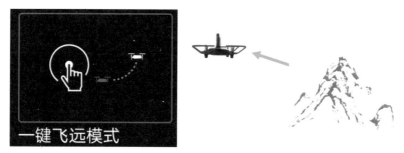

图 1.5.32　一键飞远模式

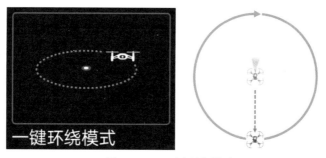

图 1.5.33　一键环绕模式

　　由于航拍的视频往往只有画面，没有声音，可以通过平板设备自带的视频编辑器或视屏编辑 App 对录制的视频进行相应的处理，例如添加音乐、添加字幕、改变播放速度、视频剪切、多视频合并等，对拍摄的视频进行精心加工可以让制作的视频更有吸引力，甚至犹如电影画面。

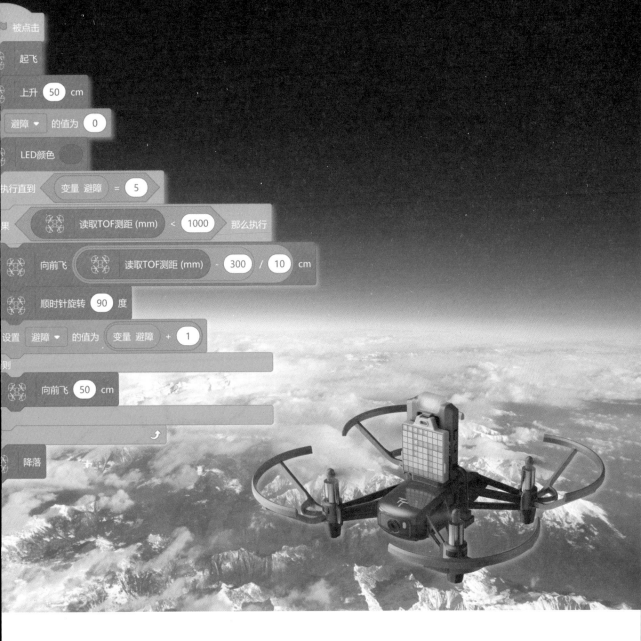

第 2 章

无人机编程

　　TT 无人机不仅可以遥控飞行和拍摄，还可以通过编程进行智能化飞行，无人机拥有多种传感器和强大的程序运算能力，用户可以根据飞行任务给无人机设计程序，无人机根据程序指令即可利用传感器采集数据，感知外部环境信息，利用这些数据进行决策，实现无人机的自主规划航线、避障、转弯、加速和返航等飞行动作。

2.1　无人机编程基础

学习
目标

（1）熟悉 TT 无人机的编程软件 Mind+，了解 Mind+ 的编程界面。

（2）熟悉拓展模块的功能，学会使用 Mind+ 为拓展模块进行编程。

（3）通过程序设计，掌握编程的基本结构：顺序结构、选择结构和循环结构。

（4）通过项目式学习，熟悉各种编程模块，包括运算模块、变量模块、LED 灯模块等。

2.1.1　拓展模块

无人机能够自主飞行，不仅是因为无人机上配有大量的传感器，更得益于这些传感器可通过编程进行控制，实现无人机的智能飞行。

图 2.1.1　TT 无人机与拓展模块

TT 无人机配有拓展模块，拓展模块其实是一块基于 ESP32 的可编程主控板和一个 5.8GHz 的 WiFi 模组。将拓展模块安装在无人机上并通过数据线连接，可拓展无人机的功能，如图 2.1.1 所示。

拓展模块也可以使用数据线与电脑连接，通过电脑编程可以独立控制拓展模块。拓展模块上配有 8×8 的点阵屏（可以取出）、LED 灯、TOF 测距传感器以及侧面的按键，可通过程序设计对其进行控制。如图 2.1.2 所示，在拓展接口上可以外接其他传感器来丰富无人机的功能，例如拓展模块上可以外接火焰、超声波测距、显示屏、颜色、手势识别、环境光等第三方传感器，让无人机在多种场景中飞行。

图 2.1.2　拓展模块与传感器转接口

默认情况下，连续两次按下拓展模块侧面的按键，可以启动"起桨"模式，"起桨"模式可以在无人机起飞等待的阶段对机身进行散热；再次连续两次按下侧面的按键便会停桨。另外，长按按键数秒可以重置 WiFi 名称，注意避免改动后无法连接无人机的情况。

可以搭配第三方电池为拓展模块供电，如图 2.1.3 所示，建议选用可充电的电池，电池电压为 5 伏，并带有可与拓展模块连接的数据线。

使用 Mind+ 软件可以对无人机进行编程，Mind+ 是一款可进行图形化编程的软件（图 2.1.4），可对 Arduino、micro:bit、ESP32 等多种开源硬件进行编程，支持人工智能与物联网功能，既可以使用图形化积木进行编程，也可以使用 Python、C、C++等高级编程语言进行编程。

除了使用 Mind+ 软件对无人机进行编程外，还可以在平板设备上使用 Tello EDU App 对 TT 无人机进行编程，如图 2.1.5 所示，该 App 也可以对无人机进行遥控飞行。

图 2.1.3　充电电池　　　　图 2.1.4　Mind+ 软件图标　　　图 2.1.5　Tello EDU App 图标

2.1.2　无人机与 Mind+ 编程

在电脑上安装 Mind+ 软件，双击桌面图标，打开 Mind+ 软件进入编程界面，如图 2.1.6 所示，使用 Mind+ 软件可以为拓展模块和无人机进行编程。

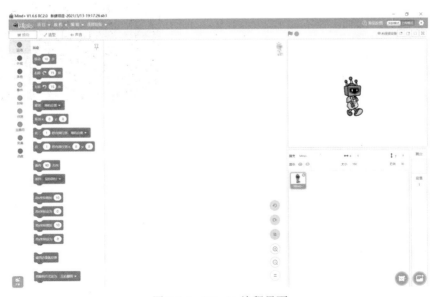

图 2.1.6　Mind+ 编程界面

使用无人机自带的 USB 数据线将拓展模块与电脑连接，然后单击屏幕右上角的"模式切换"按钮 实时模式 上传模式 ，进入上传模式界面，单击"拓展"按钮 ，在主控板模式 主控板 下选择"RoboMaster TT（ESP32）"，如图 2.1.7 所示，最后单击 ← 返回 按钮进入上传模式的编程界面。

RoboMaster TT(ESP32)

搭载大疆顶尖飞控算法的教育无人机，极强的安全性与稳定性

图 2.1.7　RoboMaster TT（ESP32）

在上传模式的编程界面下，如图 2.1.8 所示，在第一次连接拓展模块时，需要从菜单栏中单击"连接设备"，在弹出的列表中选择"一键安装串口驱动"，串口驱动安装成功后，后期就不再需要该操作了，单击"连接设备"，在弹出的列表中选择"COM××-CP210×"，如图 2.1.9 所示。

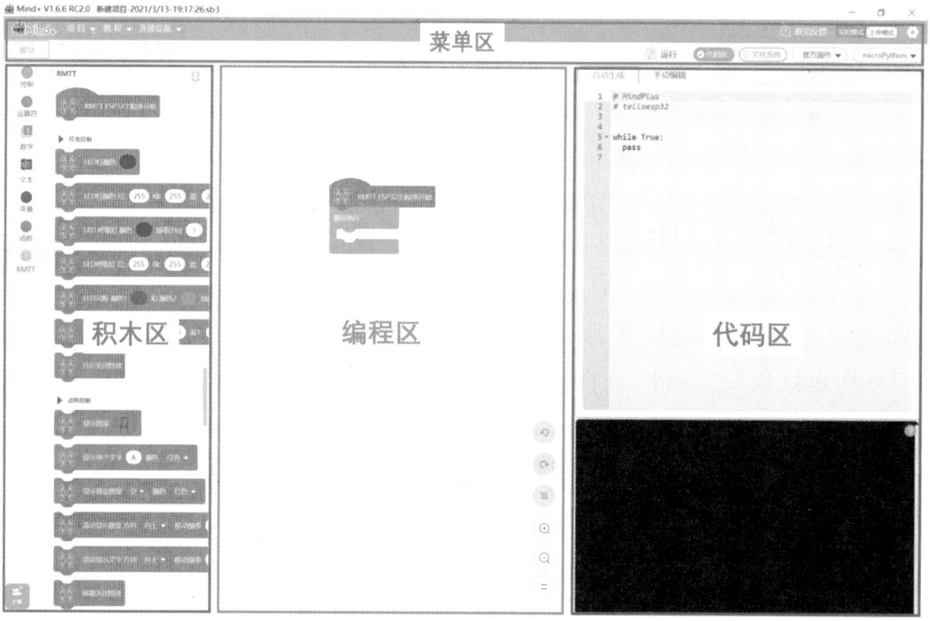

图 2.1.8　上传模式编程界面

图 2.1.9　连接拓展模块

2.1.3　拓展模块编程

在上传模式下编程，程序从开始模块 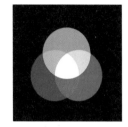 运行，使用对应的编程模块可控制 LED 灯、点阵屏、按钮以及 TOF 测距传感器。全彩 LED 灯位于拓展模块的顶端，在一个乳白色的半透明灯罩内，可使用 7 个编程模块进行编程，全彩 LED 灯其实是由红灯（R）、绿灯（G）和蓝灯（B）组成，如图 2.1.10 所示。每个灯的发光亮度可以通过程序来控制，把每个灯发光的亮度分成 255 个级别，0 表示最暗，即 LED 灯不发光，255 表示最亮，这三种颜色的光以不同亮度进行任意组合就可以显示出各种各样的颜色。

图 2.1.10　光的三基色：红、绿、蓝

LED 灯配有多个编程模块，如图 2.1.11 所示，灯光颜色可通过单击 LED 灯模块的颜色模式 ● 进行选择，如图 2.1.12 所示，还可以通过设置 LED 灯模块的 RGB 值 红 255 绿 255 蓝 255 来选择需要的颜色。使用 LED 呼吸灯模块可以让灯光像呼吸一样的有节奏闪烁；使用 LED 闪烁模块让 LED 灯在两种颜色的光之间交替闪烁；使用 LED 关闭特效模块可以关闭 LED 灯。

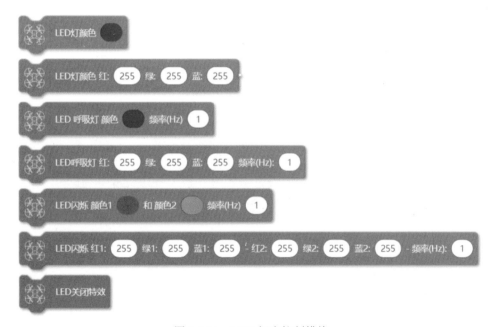

图 2.1.11　LED 灯光控制模块

LED 点阵屏有 64 个发光格（8×8），如图 2.1.13 所示，每个格子内有一个红灯和一个蓝灯，可通过编程显示由红光和蓝光组合的颜色，通过点阵屏可以显示各种图案和字符。

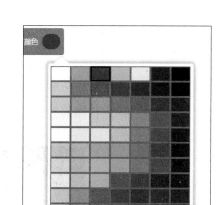

图 2.1.12 LED 灯的颜色选择框

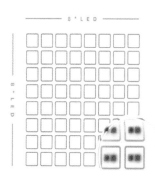

图 2.1.13 点阵屏上的单元格

使用点阵屏控制模块可以实现对 LED 点阵屏中每盏灯的色彩和亮度进行控制，如图 2.1.14 所示。使用显示图案模块可以在 LED 屏幕上显示各种图案，也可以自行绘制需要的图案。使用显示文字模块可显示单个字母和符号，也可以以滚动的方式显示多个字母和符号，在滚动显示中，可以设置字符滚动的方向 方向 向上 ▼ 、快慢 移动频率 1 和颜色 颜色 红色 ▼ 。

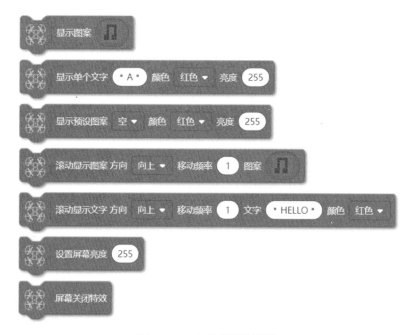

图 2.1.14 点阵屏控制模块

拓展模块上的 TOF 测距模块可以测量位于拓展模块正面的上方，如图 2.1.15 所示，模块上有两个反光点，这两个点就是红外测距的发射和接收元件，测距范围为 0 ～ 1200 毫米。使用"读取 TOF 测距"模块 读取TOF测距 (毫米) 可以获得 TOF 传感器测量的距离值。

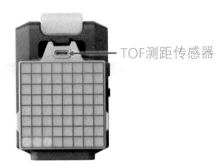

图 2.1.15　拓展模块上的 TOF 测距传感器

拓展模块的侧面有一个按键，使用"按键是否按下？"模块 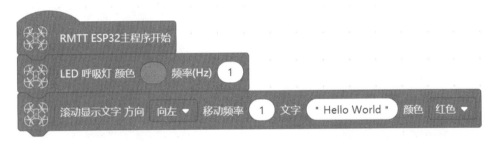 可以获取该按键状态：按下和松开。通过按键可以控制点阵屏和 LED 灯的显示。如果拓展模块连接在无人机上，该按钮可以控制无人机的起飞。

2.1.4　走进编程世界：Hello World

使用拓展模块编程，LED 灯为亮绿色并以呼吸式闪烁，点阵屏上显示：Hello World，程序设计参考图 2.1.16。

图 2.1.16　显示 Hello World 的程序

在菜单区单击"上传到设备"按钮，可以将程序上传到拓展模块中运行，如图 2.1.17 所示。上传成功后，拓展模块中的程序开始运行，随即 LED 亮起，点阵屏显示：Hello World，文字向左滚动，文字颜色为红色。

图 2.1.17　上传进度指示

⊙ **试一试**

使用拓展模块显示自己的名字拼音，尝试使用不同的文字滚动方向、移动频率和颜色。

2.1.5 程序按顺序运行

设计程序，在点阵屏上显示一个点，并不断地向右移动。

在"显示图案"模块 ![显示图案] 的预设图案中没有点图，因此需要手动绘制点图，单击模块的"图案"按钮 ![] 进入图案选择和绘制模式，如图 2.1.18 所示。第一排为预设图案，进行图案绘制时需要先单击右侧的"清空"按钮 ![]，然后单击"点亮"按钮 ![]，通过鼠标在左侧点阵屏区域单击小格子进行图案绘制。

运行程序如图 2.1.19 所示，我们能够看到点阵屏上有一个红色小点会严格按照编程模块的顺序从左向右移动，每隔一秒移动一格，最后停在第六个格子，程序运行结束。

图 2.1.18　图案绘制

图 2.1.19　小点移动的程序

顺序结构是最简单的程序结构，也是最常用的程序结构，人们可以按照解决问题的顺序写出相应的程序，当启动程序时，程序就会严格按照自上而下的顺序依次执行。

⊙ **试一试**

（1）补充以上程序，让点阵屏上的小点从左边移动到右边。

（2）设计程序，让屏幕上的小点显示产生动画的效果。

（3）结合点阵屏和 LED 灯效设计程序，显示 9 ～ 0 秒的倒计时。

2.1.6 程序的往复循环

设计程序，让 LED 灯按红、绿、蓝三种颜色的顺序交替循环闪烁。

要使程序能够从头到尾反复循环运行，就需要使用循环模块进行编程，循环模块内部的程序可以从头到尾反复运行，直至达到设定的循环次数或条件成立，才会退出循环。如图 2.1.20 所示，"循环执行"模块会让其内部的程序一直循环运行，"重复执行次数"模块会按设定的次数运行，当循环的次数等于设定的次数时，退出循环；"重复执行直到"模块会按设定的条件运行，当条件成立时，退出循环。

图 2.1.20 三种循环模块

使用循环执行模块来控制 LED 灯按红、绿、蓝三种颜色一直循环闪烁，每种颜色的灯亮 0.5 秒，程序设计参考图 2.1.21。

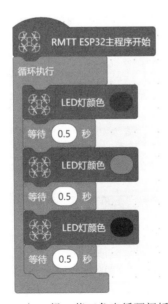

图 2.1.21 红、绿、蓝三色光循环闪烁的程序

⊙ **试一试**

设计一个七彩灯循环闪烁的程序。

2.1.7 程序的条件选择

设计一个胸牌，以拼音来显示你的名字，如 *TTUAV*，当拓展模块侧面的按键被按下时，显示你的班级，如五（1）班显示为 5（1）。

程序在运行时面临两个选择：如果按键被按下，显示班级；如果按键松开，显示名字。这时候程序需要使用选择模块，如图 2.1.22 所示，有三种模块可供编程时选择。

图 2.1.22 三种选择模块

在选择模块中，如果设定的条件成立，那么就执行第一个程序框内 的程序，否则就执行第二个程序框内 的程序。本程序可以使用第二种或第三种模块进行程序设计，如图 2.1.23 所示。

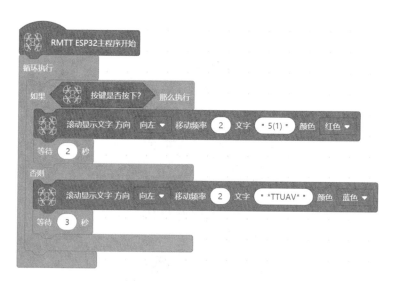

图 2.1.23 胸牌显示的程序

⊙ **试一试**

使用拓展模块上的按键控制 LED 灯的颜色或亮度。

2.1.8　计算 "2+3=？"

设计程序计算 "2+3=？"，并将计算过程和结果显示在点阵屏上。

数学运算离不开加减乘除，在程序中也有专门用于计算的编程模块，以及用于两个数之间的比较、随机数、逻辑运算、字符处理等编程模块，如图 2.1.24 所示。

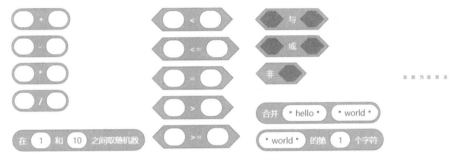

图 2.1.24　运算模块

众所周知，2+3 的计算结果等于 5，为了编写的程序易于理解，这个计算结果需要放到一个空间里存储起来，然后再转化，最后显示在点阵屏中。计算机中的存储空间其实就是变量。变量就像一个可以存储数据的容器，只是在一个普通变量中一次只能放一个数，例如一个变量中已经存储了 "5"，如果需要将 "10.14" 放入这个变量中，那么 "5" 就会被 "10.14" 覆盖，即这个变量存储的数是 "10.14"。在一个程序中可以有很多变量，为了区别，可以给变量添加一个名称。变量分为数字、字符串和列表三种类型。

在本程序中，参考图 2.1.25，将 2+3 的计算结果存储到名为 "结果" 的变量中，再定义一个名为 "显示结果" 的字符串变量，通过字符串转换模块 将字符串 · 123 转换为 整数 ▼ 将计算结果转换为整数，并输入给这个字符串变量，最后通过滚动显示模块和字符串合并模块 合并 · · 将最后的计算过程和结果在点阵屏上以滚动的方式显示：2+3=5。

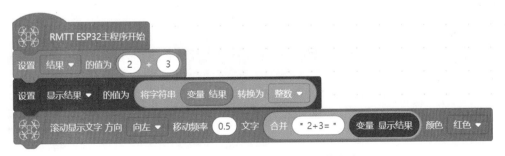

图 2.1.25　计算并显示 "2+3=5" 的程序

在变量积木区  单击"新建数字类型变量",如图 2.1.26 所示,在新建变量中给新变量命名"结果"并单击"确定"按钮,会自动生成变量设置模块 设置 结果▼ 的值为 0 和变量赋值模块 变量 结果 ,变量设置模块可以给变量添加一个数,变量赋值模块可以将变量中的数字赋值给另一个编程模块。单击"新建字符串类型变量",用同样的方法可以新建一个字符串变量。新建成功后,会自动生成字符串设置模块 设置 显示结果▼ 的值为 "hello" 和字符串赋值模块 变量 显示结果 。

图 2.1.26　新建变量

⊙　**试一试**

设计程序进行数学运算并显示。

2.1.9　倒计时

设计一个 10 秒倒计时器,当按键按下时开始倒计时并在点阵屏上显示。

程序设计参考图 2.1.27,运行程序,设置"倒计时"变量为 10,显示图案▊▊(由于点阵屏不能同时显示两个数字,所以这个图案代表数字 10),然后等待直到拓展模块上的按键被按下时才运行下面的程序,循环{如果"倒计时"变量等于 0,即倒计时结束,则等待直到按键再次被按下时才重置倒计时,设置"倒计时"变量为 10,关闭显示特效,显示▊▊;否则,倒计时正在进行,等待 1 秒,将"倒计时"变量减去 1 并将计算结果赋值给"倒计时"变量,定义字符串变量"显示倒计时",再结合显示单个文字模块,显示当前倒计时的时间值 }。

⊙　**试一试**

设计一个 0 ~ 10 秒或 0 ~ 100 秒的计时器,当按键按下时开始计时,并将秒数在点阵屏上显示。

图 2.1.27　倒计时的程序

2.1.10　计数器

设计一个计数器，将这个计数器放在教室门口，当教室门打开时记录进入教室的人数。

TOF 测距传感器可以检测前方 120 厘米以内是否有物体，同时也可以检测前方物体的距离。在教室门口处，门的宽度一般小于 120 厘米，将 TOF 测距传感器以左右朝向放置，当有人进出时，TOF 传感器测量的距离会变小（如小于 500 毫米），当人离开门以后，测量的距离又会大于 500 毫米，这时候累加计数一次，如果按键被按下，计数结束并显示计数的结果，程序设计参考图 2.1.28。

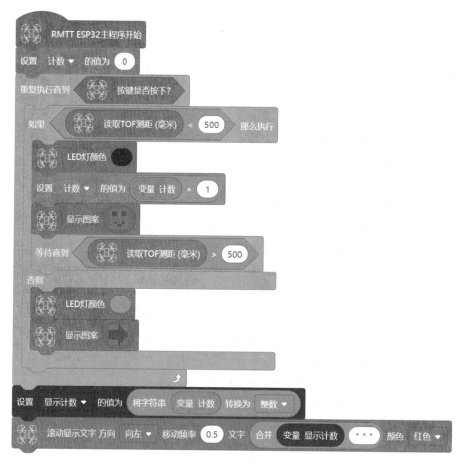

图 2.1.28　计数器的程序

运行程序，设置"计数"变量的值为 0，循环（直到按键被按下时结束循环）{ 如果 TOF 测距小于 500 毫米，说明有人经过门，LED 灯亮蓝色，变量"计数"的值加 1，显示笑脸，表示计数成功，等待直到 TOF 测距大于 500 毫米，表示人已经通过门，程序循环进入下一次的计数；否则，TOF 测距大于等于 500 毫米，即门框下没有人，LED 灯亮绿色，显示图案，以此指示进出的方向 }。计数结束后，最后通过滚动显示模块显示计数值。

⊙　**试一试**

设计一个能够精确记录篮球进入篮筐的计数器，实时显示成功进球的次数。

2.1.11　TOF 测距传感器测量长度

使用 TOF 测距传感器测量尺寸在 100 厘米以内的物体的长度，如图 2.1.28 所示。在水平面右侧放置一个挡板，如图 2.1.29 所示，把物体的右端抵在挡板上，将

TOF 测距传感器放在物体的左端并朝向挡板，这时候 TOF 传感器测量的距离即为该物体的长度。

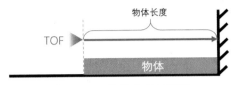

图 2.1.29　物体长度的测量

为了显示方便，将 TOF 测距传感器测量物体长度的单位转换为厘米，由于点阵屏的字符在无滚动情况下只能显示单个字符，所以被测量物体的长度如果小于 10 厘米，则使用显示单个文字模块来显示距离值，如果测量物体的长度大于等于 10 厘米且小于 100 厘米，则使用显示滚动文字模块来显示距离值，并带有单位，如果 TOF 测量的距离大于等于 100 厘米，则显示"E"，意为错误（Error），表示超出测量范围，程序设计参考图 2.1.30。

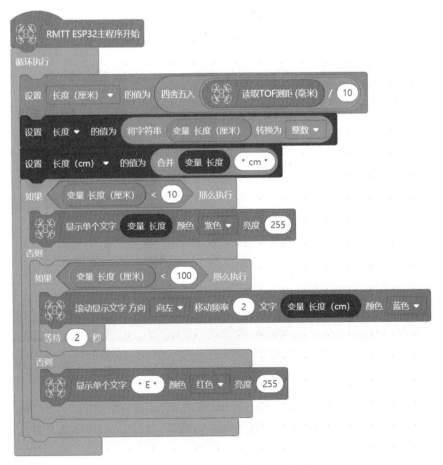

图 2.1.30　TOF 测距传感器的程序

⊙ **试一试**

设计程序，通过显示图案的大小来指示 TOF 测量距离的远近，例如 TOF 测距的值越大，点阵屏显示的正方形也越大，如图 2.1.31 所示。

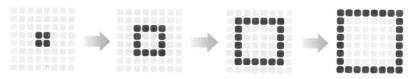

图 2.1.31　图案变化的过程

恢复设备初始设置

在完成多次程序上传后，我们需要手动将拓展模块恢复为初始设置，恢复方法如图 2.1.32 所示，否则之前写入的程序将始终留在 ESP32 中，无法进行实时模式的编程。拓展模块在恢复初始设置成功后，点阵屏上即显示"TT"字样，点阵屏最后一行的红色部分代表 TOF 测距传感器测量的前视距离，点阵屏最后一行的紫色部分代表无人机电池的剩余电量，如图 2.1.33 所示。

图 2.1.32　恢复设备的初始设置

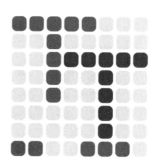

图 2.1.33　点阵屏显示

2.2　无人机运动编程

学习目标

（1）学会在实时模式下通过 WiFi 连接电脑与无人机。

（2）认识无人机的运动模块，学会使用这些运动模块对无人机进行编程。

（3）学会在实时模式和上传模式下设计程序，让无人机起飞以及做出各种飞行动作。

2.2.1　电脑连接无人机

TT 无人机通过遥控器可以进行手动遥控飞行，也可以通过程序控制无人机进行自主飞行，而能够自主飞行的飞行器才可以称为真正意义上的无人机。

TT 无人机可以通过 Mind+ 编程软件使用类似于 Scratch、Arduino C、Micro-Python 的编程语言进行编程，其中类 Scratch 编程有实时模式和上传模式两种，实时模式编程意味着无人机程序运行在电脑上，电脑与无人机之间通过 WiFi 信号进行程序指令和数据的传输，如图 2.2.1 所示，实现对无人机实时编程的控制，当电脑断开与无人机的连接后，无人机将不会再执行电脑中设定的程序。而上传模式是使用电脑先对无人机的拓展模块进行编程，拓展模块与电脑使用 USB 数据线连接，将编写好的无人机飞行程序下载到拓展模块中，断开与电脑的连接，再将拓展模块通过数据线连接到无人机上，如图 2.2.2 所示，启动无人机，无人机即可按设定的程序指令飞行，这时候程序运行在拓展模块里。因此，采用上传模式控制无人机的飞行可以避免 WiFi 信号不稳定因素的干扰。

图 2.2.1　无人机与电脑连接

图 2.2.2　拓展模块连接在无人机上

无人机的两种编程模式都可以任意使用，并且这两种编程也极为相似，只是在实时模式下，通过电脑可以看到无人机飞行过程中拍摄的场景，还能在电脑上实时查看无人机反馈的各种数据，更有利于程序调试，因此，下面我们主要采用实时模式开启无人机的编程飞行之旅。

从上传模式到实时模式

无人机在使用上传模式编程后，首先需要恢复设备的初始设置。方法是：将拓展模块通过数据线连接到电脑上，打开上传模式的编程界面，单击菜单栏的"连接设备"按钮，选择"恢复设备初始设置"，当点阵屏显示"TT"字样时，则表示恢复设备的初始设置成功，之后再将编程界面切换为实时模式，即可对无人机进行编程。

在电脑端打开 Mind+ 编程软件，单击编程界面左下角的"拓展"按钮，再单击"功能模块"按钮 功能模块 选择"RoboMaster TT（单机）"，如图 2.2.3 所示，最后单击"返回"按钮 ← 返回 回到无人机的编程界面。

将拓展模块连接到 TT 无人机上，在拓展模块背后获取该无人机的 WiFi 名称"RMTT-××××"，例如某无人机的 WiFi 名称为"RMTT-D29578"。开启无人机电源，无人机指示灯闪烁。在电脑端显示屏的右下角单击 WiFi 图标，选择连接该无人机的 WiFi RMTT-D29578，如图 2.2.4 和图 2.2.5 所示，单击"功能模块" 功能模块 →"感叹号"按钮 ! →"连接"按钮 .ill 连接，如图 2.2.6 和图 2.2.7 所示，连接成功之后，"感叹号"按钮会变为绿色"对勾" ✓ 按钮，无人机指示灯的紫灯（RMTT）或绿灯（Tello EDU）闪烁，表示连接正常，即可对无人机进行编程飞行。

图 2.2.3 RoboMaster TT（单机）模式

图 2.2.4 电脑与无人机未连接状态

图 2.2.5 电脑与无人机已连接状态

图 2.2.6　编程软件与无人机未连接状态

图 2.2.7　编程软件与无人机已连接状态

无人机的 WiFi 名：RMTT 与 Tello

　　无人机在没有加装拓展模块时，电脑可搜索到该无人机的 WiFi 信号是以 Tello 开头的，当无人机加装连接拓展模块后，电脑可搜索到的该无人机的 WiFi 信号是以 RMTT 开头的。两种情况下使用 Mind+ 软件都可以对无人机进行实时模式的编程飞行。

　　单击"事件"按钮 ⬤，拖动"开始模块" 🔲 至编程区，如图 2.2.8 所示。这个带有绿旗的小黄帽模块就是程序的开头，所有程序都是从这里开始一步一步地运行的。

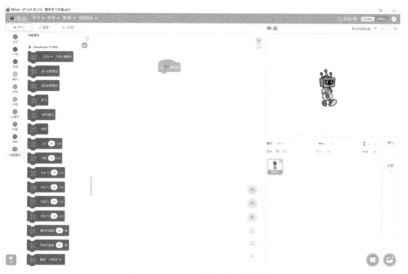

图 2.2.8　实时模式编程界面

　　使用线上的大疆教育平台也可以为无人机进行编程，大疆教育平台网址为 https://edu.dji.com/。线上编程无须安装软件，且编程方式与实时模式基本相同，直接注册登录大疆教育平台即可对无人机进行编程飞行，线上编程界面如图 2.2.9 所示。

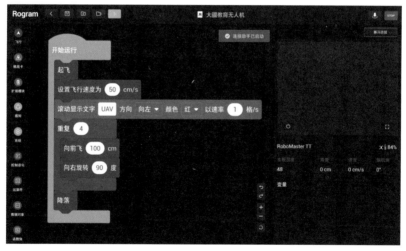

图 2.2.9　大疆教育平台的线上编程界面

2.2.2　无人机的运动模块

　　无人机的每一个飞行动作都是通过对应的程序模块来实现的，无人机的基础运动模块中有起飞、降落、向前飞、向后飞、顺时针旋转、逆时针旋转等模块，运动模块的功能如表 2.2.1 所示。

表 2.2.1 运动模块的功能说明

序号	运动编程模块	说明
1	起飞 / 降落	无人机起飞是让无人机所有运动模块顺利执行的第一个程序指令，将无人机放在水平地面上，运行起飞模块，无人机会飞行到相对地面 80 厘米的高度，然后处于悬停状态。降落模块可以让飞行的无人机降落下来，结束飞行
2	5秒内抛飞	"5 秒内抛飞"是将无人机拿在手中，程序运行后，无人机会缓慢启动电机，将手上水平拿着的无人机向前抛出，之后无人机悬停在一个高度。若 5 秒内未将无人机抛出，电机将自动停止旋转
3	进入起桨模式 / 退出起桨模式	起桨模式可以让无人机的螺旋桨低速旋转而不飞会起来，可用来给无人机在地面时降温，也可以用来测试无人机与电脑的连接是否正常。无人机起飞后会自动退出起桨模式
4	上升 50 cm / 下降 50 cm / 向左飞 50 cm / 向右飞 50 cm / 向前飞 50 cm / 向后飞 50 cm	无人机升降、前后和左右运动的模块可以控制无人机按指定距离运动，当无人机飞到设定的距离后便会悬停在那个位置。每个模块移动距离的参数范围为 20 ~ 500 厘米，即无人机单次可飞行的最小距离是 20 厘米，单次飞行的最大距离是 500 厘米。如果无人机想向前飞出 600 厘米的距离，则程序需要两次使用向前飞模块，而只要这两个模块参数总和等于 600 即可
5	顺时针旋转 90 度 / 逆时针旋转 90 度	顺时针旋转与逆时针旋转模块可以控制无人机按指定角度偏航运动，旋转角度的范围为 0°~ 360°
6	翻滚 向前(f)	翻滚模块可以选择"向前、向后、向左、向右"模式控制无人机向各个方向进行 360° 翻滚，需要注意的是无人机的翻滚动作需要电量充足，否则程序不执行

如果在运动模块中输入的移动距离超过 500 厘米，则该模块将不能成功运行，这也会导致该模块后面的所有程序也不被运行，所以我们在编写程序时一定要注意运动模块的参数值在 20 ~ 500 厘米范围内。

无人机的升降、前后、左右运动的速度都可以通过速度模块 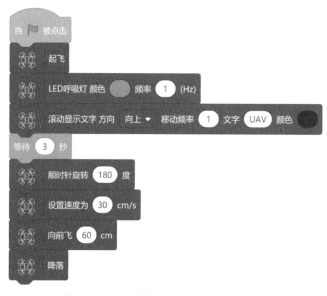 设置速度为 50 cm/s 来设定，速度模块的速度范围为 20 ～ 100 厘米 / 秒。当程序中出现速度模块时，该模块后面的无人机运动模块都会按这个设置的速度来执行（旋转模块除外），直到下一个速度模块改变这个速度。如果程序中没有速度模块，则无人机将以默认速度 50 厘米 / 秒运动。

单位换算

1 米 =100 厘米 =1000 毫米 → 1m=100cm=1000mm

1 秒 =1000 毫秒 → 1s=1000ms

100 厘米 / 秒 =1 米 / 秒 =3.6 千米 / 小时 → 100cm/s=1m/s=3.6km/h

2.2.3　第一个无人机飞行程序

1. 实时模式编程

使用实时模式设计程序，让无人机起飞后悬停，拓展模块（ESP32）绿灯闪烁，滚动显示文字"UAV"，等待 3 秒，无人机原地顺时针旋转 180°，然后无人机以 30 厘米 / 秒的速度前进 60 厘米后降落，程序设计参考图 2.2.10。

图 2.2.10　实时模式下的无人机飞行程序

　　TT 无人机的运动模块程序指令属于阻塞型，只有当上一个无人机运动模块的程序指令完成后才会执行下一个运动模块。如果运行到某一个程序模块时，该程序模块控制的无人机动作无法完成，无人机将会悬停一段时间后自动降落。

2. 上传模式编程

　　打开 Mind+ 软件进入编程界面，单击右上角的"上传模式" ，单击界面左下角的"拓展"按钮 ▣，再单击"主控板"按钮 ▭ 进入主控板界面，在主控板界面中选择"RoboMaster TT（ESP32）"，如图 2.2.11 所示，最后单击左上角的"返回"按钮 ◀ 返回，回到上传模式下的编程界面。

　　在上传模式下，无人机程序的开始模块是 ▦ RMTT ESP32主程序开始，要使程序能够顺利在拓展模块上运行，还需要开启飞行控制模块 ▦ 开启飞行控制（绿灯亮起时按下按钮）直到成功。当程序下载到拓展模块中，开启无人机，程序开始运行，但受制于开启飞行控制模块的条件：LED 灯绿灯亮起，拓展模块上的按钮被按下。只有当这个条件成立，程序才能继续向下运行。例如，在下面的程序中，先将程序通过 USB 数据线上传到拓展模块中，再将拓展模块连接到 TT 无人机上，开启无人机，等 LED 绿灯亮起，按下拓展模块上的按钮，此时无人机开启起飞，起飞后悬停等待 1 秒，无人机自动降落，程序设计如图 2.2.12 所示。

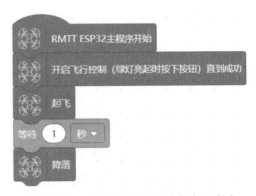

图 2.2.11　RoboMaster TT（ESP32）模式　　　　图 2.2.12　上传模式下的无人机起飞程序

　　例如使用上传模式设计程序，在无人机起飞后，拓展模块（ESP32）绿灯闪烁，滚动显示文字"UAV"，等待 3 秒，无人机原地顺时针旋转 180°，然后以 30 厘米 / 秒的速度前进 60 厘米后降落，其程序设计参考图 2.2.13。

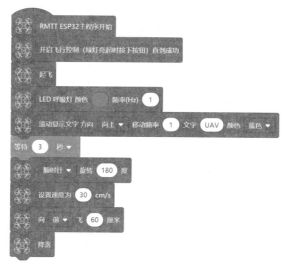

图 2.2.13 上传模式下的无人机飞行程序

⊙ **试一试**

选择一首优美的乐曲，设计程序，尽可能多地使用各种运动模块，配合拓展模块的功能，让无人机随着音乐舞动起来。

2.2.4 矩形航线飞行

⊙ **飞行任务**

设计程序，无人机飞往相对地面 120 厘米的高度处悬停，然后以 100 厘米为边长飞行一个正方形航线。

任务中只要求无人机飞行一个边长为 100 厘米的正方形轨迹，由于无人机是在三维空间中运动，这个正方形轨迹可以平行于地面，也可以垂直于地面，还可以与地面形成任意度数的夹角。无人机在不转向的情况下有上下、前后、左右六个方向的运动，即无人机在任务中可以不转向即可完成任务，也可以添加转向，保证无人机在运动过程中其头部总是朝向运动方向。

（1）无人机在不转向的情况下飞行，正方形航线垂直于地面。

无人机起飞后的高度为 80 厘米，之后再上升 40 厘米，无人机此时的飞行高度为 120 厘米，绿灯亮起，等待 1 秒后开始沿正方形航线飞行，当蓝灯亮起，轨迹飞行结束，等待 1 秒后无人机降落，程序设计参考图 2.2.14。

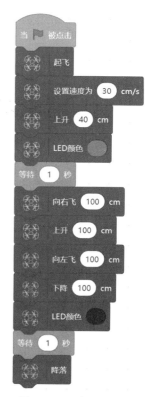

图 2.2.14 实时模式下
的程序

⊙ **试一试**

在上传模式下设计程序，无人机在不转向的情况飞行，正方形轨迹垂直于地面。

（2）无人机飞行过程中，其头部总是朝向运动方向，正方形航线平行于地面。

无人机起飞后，可以再上升 40 厘米，这时候无人机距离地面约 120 厘米的高度，然后让无人机沿边长为 100 厘米的正方形航线飞行。每完成一个边长的飞行后，无人机逆时针旋转90°，航线规划如图2.2.15 所示。

本任务的程序设计参考图 2.2.16，在程序中能够发现有向前飞模块和逆时针旋转模块的程序单元，总共重复 4 次，对于重复的程序单元可以尝试使用循环模块来编写，从而提高程序的编写效率，程序设计参考图 2.2.17。

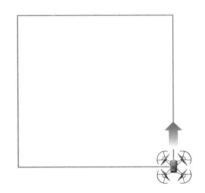

图 2.2.15　无人机正方形航线

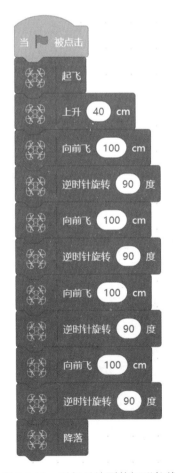

图 2.2.16　平行于地面的矩形航线程序

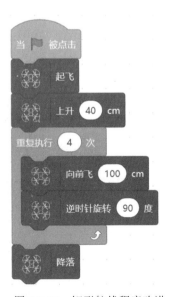

图 2.2.17　矩形航线程序改进

⊙ **试一试**

（1）设计程序完成其他各种可能性的飞行，并尝试使用循环模块简化程序。

（2）设计程序，让无人机沿三角形、长方形和五边形等多边几何图形飞行，轨迹平面可平行于地面，也可以垂直于地面。

2.2.5 键盘遥控飞行

设计程序，对电脑键盘的按钮进行编程来控制无人机的飞行，起到类似于对无人机遥控飞行的效果，同时使用键盘还可以对无人机拓展模块的点阵屏进行编程控制，实现无人机在飞行过程中传递信息的功能。

键盘编程模块有两种，一种是侦测●中的"按下_键？"模块 <按下 空格 ▾ 键?> ，另一种是事件●中的"当按下_键"模块 <当按下 空格 ▾ 键> 。"按下_键？"模块通过条件来控制程序的运行，"当按下_键"模块采用多线程控制的方式，多线程编程意味着多条程序指令可以同时运行。

⊙ **飞行任务**

分别使用以上两种编程模块，利用键盘上、下方向键控制无人机的上升和下降，程序设计参考图 2.2.18 和图 2.2.19。

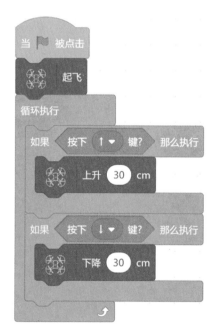

图 2.2.18 使用"按下_键？"模块编程的程序

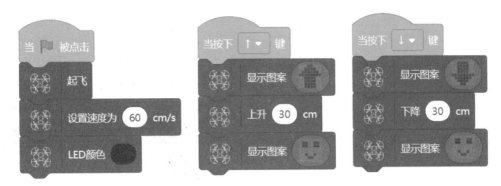

图 2.2.19 使用"当按下 _ 键"模块编程的程序

⊙ **试一试**

选择你熟悉的键盘按钮，设计程序控制无人机的全向运动，包含无人机的起飞和降落，尝试在程序中添加图案显示和 LED 灯光。

2.3 无人机遥控杆量编程

学习 （1）认识遥控杆量模块和 Tello 摄像头模块。

目标 （2）通过飞行探究，理解遥控杆量模块中每个控制参数的意义。

（3）学会使用遥控杆量模块设计程序，让无人机飞出不同的航线。

2.3.1 遥控杆量模块

无人机可以通过遥控器手柄进行远距离的遥控飞行，遥控器手柄的两个摇杆可以控制无人机的左右飞行（横滚）、前后飞行（俯仰）、起飞上升和下降着落（油门）、左右旋转（偏航），拨动摇杆的杆量（幅度）越大，无人机执行这个动作的速度就越快。在 TT 无人机编程中有一个遥控杆量模块，如图 2.3.1 所示，遥控杆量模块是以模拟遥控器摇杆来控制无人机的飞行。遥控杆量模块共有横滚、俯仰、油门和偏航四个参数，每个参数值的范围是 −100 ～ 100。除此之外，遥控杆量模块可以控制无人机进行降落，但不能让无人机起飞。若要程序控制无人机起飞，只能使用起飞模块。

图 2.3.1 遥控杆量模块

2.3.2 Tello 摄像头模块

在无人机飞行程序中添加"开启"Tello 摄像头模块 ![开启 Tello 摄像头] ，当程序运行到该模块时，在电脑端就会实时显示无人机摄像头拍摄的画面，如图 2.3.2 所示，直到程序运行到"关闭"Tello 摄像头模块 ![关闭 Tello 摄像头] 时，电脑端的视频画面才会关闭。在无人机编程飞行中，Tello 摄像头模块可以用来在电脑端实时查看无人机前方的画面。

图 2.3.2 电脑端显示的拍摄画面

2.3.3 编程探究遥控杆量模块

探究活动 1：遥控杆量模块有 4 个参数，只设置一个杆量参数不等于 0（大于 0 或小于 0），而其他三个参数都为 0，起飞无人机，探究不同动作下的杆量对无人机飞行的影响，如果四个参数值都为 0，无人机将如何运动？

程序设计参考图 2.3.3，无人机起飞至约 80 厘米的高度，循环 { 如果电脑键盘

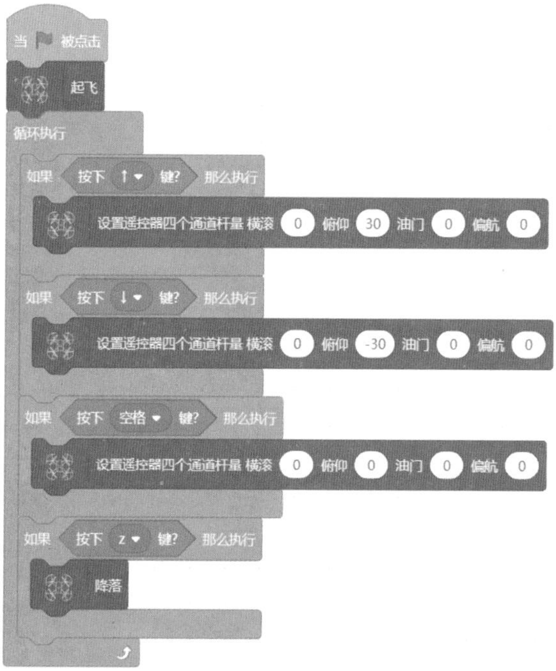

图 2.3.3 探究活动 1 的程序

的方向键"↑"键被按下，无人机以杆量 30 向前飞；如果电脑键盘的方向键"↓"键被按下，无人机以杆量 -30 向后飞；如果电脑键盘的空格键被按下，遥控杆量模块的 4 个杆量值都为 0，无人机将在空中悬停；如果电脑键盘的"Z"键被按下，无人机降落 }。

⊙　**试一试**

在以上程序中，改变遥控杆量模块的其他参数，一次只能改变一个参数值，其他参数值为 0，探究不同参数值对无人机飞行的影响（这种问题探究的方法称为控制变量法）。

探究结论

通过探究发现，在横滚、俯仰、油门这 3 个参数中，当其中一个参数不为 0 时，无人机将一直以对应的杆量运动，直到该动作的杆量发生改变。只改变偏航的参数值，无人机将一直做逆时针或顺时针旋转。在这 4 个参数中，杆量值的大小决定着无人机飞行的速度，杆量值的正负决定着无人机左右（横滚）、前后（俯仰）、上下（油门）运动的方向，以及旋转（偏航）的方向，当 4 个参数值都为 0 时，无人机会在空中停止运动并悬停，当油门值为负值时，无人机高度会一直下降，最终无人机会降落到地面上，螺旋桨会停止旋转。

探究活动 2：只改变遥控杆量模块 4 个参数中的两个（其他参数都为 0），无人机将做什么运动？画出无人机运动的轨迹。

程序设计参考图 2.3.4，无人机起飞，当按下电脑键盘的 a 键时，无人机沿着圆形航线顺时针飞行；当按下电脑键盘的 b 键时，无人机朝着前方沿着直线斜向上飞行；当按下电脑键盘的空格键时，无人机在空中悬停；当按下电脑键盘方向键的"↓"键时，无人机降落。

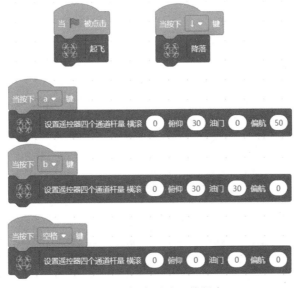

图 2.3.4　探究活动 2 的程序

⊙ **试一试**

在以上程序中，改变遥控杆量模块的其他参数，一次只能改变两个参数值，其他参数值为 0，探究不同参数值对无人机飞行的影响。

探究结论

通过探究发现，当只改变遥控杆量模块的"横滚""俯仰""油门"三个参数中的两个参数时（模块中的其他参数都为 0），无人机会沿着直线飞行，例如，沿着无人机的左前方直线飞行，或者沿着斜向上直线飞行，等等。

当只改变油门值和偏航值时，无人机会做直线升降运动的同时旋转。

当只改变横滚值（或俯仰值）和偏航值时，无人机在空中沿圆形航线运动。

⊙ **试一试**

设计程序，探究无人机飞行的圆形轨迹的半径是由哪些因素决定的（可以先思考，再编写程序探究）？

探究活动 3：只改变遥控杆量模块 4 个参数中的 3 个，另一个参数值为 0，无人机将做什么运动，画出无人机的飞行航线。

程序设计参考图 2.3.5，无人机起飞，循环 { 如果电脑键盘的方向键"↑"键被按下，无人机沿直线斜向上飞行；如果电脑键盘的方向键"↓"键被按下，无人机沿着螺旋线上升飞行；如果电脑键盘的空格键被按下，无人机降落；如果电脑键盘的方向键"→"键被按下，无人机起飞；否则，当没有按键被按下时，无人机在空中悬停 }。

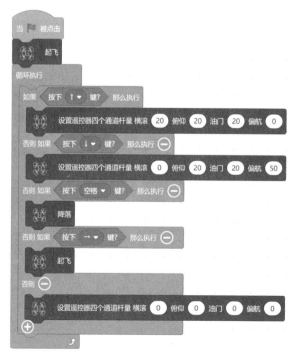

图 2.3.5　探究活动 3 的程序

⊙　**试一试**

在以上程序中，改变遥控杆量模块的其他参数，一次改变三个参数值，另一个参数值为 0，探究不同参数值对无人机飞行的影响。

探究结论

当只有偏航值为 0 时，无人机将沿直线斜向上或斜向下飞行；当只有横滚值为 0（或横滚值为 0）时，无人机将螺旋上升或螺旋下降；当只有油门值为 0 时；无人机将在同一高度沿圆形轨迹做圆周运动。

⊙　**试一试**

（1）探究当遥控杆量的 4 个参数值都不为 0 时，无人机的运动轨迹将是什么样子？

（2）设计程序，让无人机运动出各种优美的轨迹，表演无人机的飞行特技。

2.3.4　无人机环视

⊙　**飞行任务**

开启无人机摄像头，起飞后上升到一定高度时，环顾四周，然后降落，关闭摄像头，让无人机熟悉飞行环境。

程序设计参考图 2.3.6，开启无人机摄像头，等待 1 秒，然后起飞（升至 80 厘米高度），再上升 50 厘米，此时无人机距离地面约 130 厘米，无人机顺时针旋转 360°，无人机降落，最后关闭摄像头。

⊙　**试一试**

使用键盘按钮与遥控杆量模块全向控制无人机的运动，同时在程序中添加开启 Tello 摄像头，监控无人机的飞行。

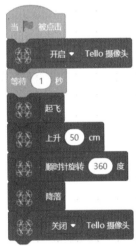

图 2.3.6　无人机环视的程序

2.3.5　无人机加速

所有物体从静止到运动都要经历加速的过程，例如汽车在启动的过程中加速，我们能够感受到加速带来的明显的推背感。但有时物体加速的时间太短，我们难以察觉到，例如踢足球时球的加速太快，这个过程常常被忽略；有时物体加速过于缓慢，我们也难以发现，例如火车启动时慢慢加速，即使在车厢中放置一杯水，其中的水也不会摇晃。空中悬停的无人机，朝向各个方向的飞行中，也可以通过程序来控制无人机的加速。

⊙ **飞行任务**

起飞无人机，无人机从悬停开始加速向前飞，达到最大飞行速度时，无人机再次悬停并降落。

程序设计参考图 2.3.7，无人机起飞，然后再上升 50 厘米（这时候无人机距离地面高度约 130 厘米），设置变量 v 的值为 0，循环 { 将变量 v 的值增加 1（程序每循环一次，v 的值就会增加 1），将变量 v <kbd>变量 v</kbd> 赋值给遥控杆量模块的"俯仰"参数框，即无人机以变量 v 的值为俯仰值向前飞行，等待 0.05 秒，直到变量 v 的值为 100 时，循环运行结束 }；无人机在空中悬停，等待 1 秒，无人机降落。

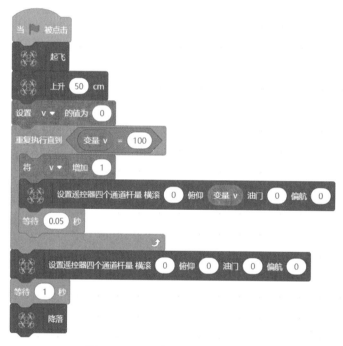

图 2.3.7　无人机加速飞行的程序

实时获取数据

当程序运行时，若要获取程序运行过程中的数据，可以通过勾选数据模块来实现，如果想获取变量的实时数据情况，单击积木区变量 <kbd>变量</kbd>，然后勾选变量模块左边的复选框 <kbd>☐ 变量 v</kbd> ，<kbd>☑ 变量 v</kbd> 表示设置成功，这时在编程界面上即可实时获取变量 v 的数据。

除了可以实时获取变量数据，在功能模块类中用同样的方法还可以获取电池电量、TOF 高度、温度、加速度等数据。

⊙ **试一试**

（1）在以上程序中，如果变量 v 的初始值为负数，例如初始值为 -50，那么当程序运行时，无人机将会做什么样的运动呢？结合变量 v 的实时数据变化情况进行分析。

（2）你还能将以上加速程序应用到无人机其他的飞行动作中吗？如何设计无人机减速的程序？

2.3.6 无人机"千里传信"

你与你的好伙伴在公园游玩，但不小心分开了，现在想找到他，同时秘密传递一个你所在位置的标志性建筑或文字信息，例如公园里的东门、小桥、亭子，等等，以便你们能够顺利找到对方，现在可以利用无人机来解决这个问题。

⊙ **飞行任务**

设计一个程序，起飞无人机搜索伙伴，找到伙伴后，在伙伴的前方降落无人机，通过键盘按钮向伙伴发送位置信息，等待一段时间后，起飞无人机返回。

程序设计参考图 2.3.8，起飞无人机，开启无人机的摄像头，电脑端实时显示无人机拍摄的画面，使用电脑键盘控制无人机的飞行动作，当"t"键被按下时，无人机点阵屏显示小亭子图案，如图 2.3.9 所示，当空格键被按下时，无人机点阵屏显示笑脸图案，如图 2.3.10 所示。

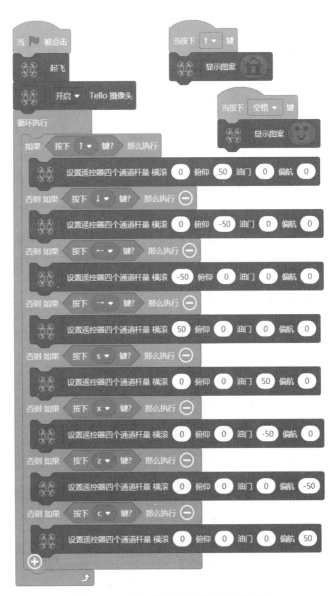

图 2.3.8　无人机"千里传信"的程序

图 2.3.9 小亭子图案

图 2.3.10 笑脸图案

⊙ **试一试**

设计一个程序,让你和你的搭档分别起飞一架无人机,进行秘密的远距离信息对话。

2.3.7 无人机绕圈飞行

无人机通过三轴陀螺仪传感器可以进行姿态的识别,控制无人机水平方向的旋转

角可以通过"平移轴姿态角模块" 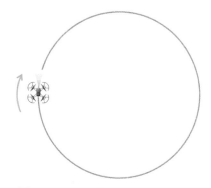 进

行测量,平移轴姿态角以顺时针旋转一圈测量的数

据为 0°~179° 和 –179°~0°。

⊙ **飞行任务**

使用遥控杆量模块控制无人机沿圆形航线顺时针飞行 1 圈并停止,无人机朝向飞行方向飞行,如图 2.3.11 所示。

程序设计参考图 2.3.12,将无人机摆放在水平地面上,手动旋转无人机,使平移轴姿态角为 0°(在电脑端查看平移轴姿态角数据),然后起飞无人机。

图 2.3.11 无人机绕圈飞行示意图

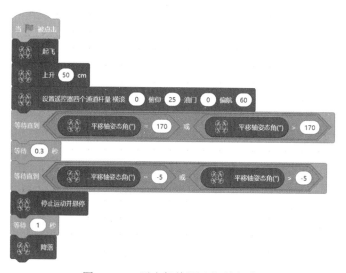

图 2.3.12 无人机绕圈飞行的程序

⊙　**试一试**

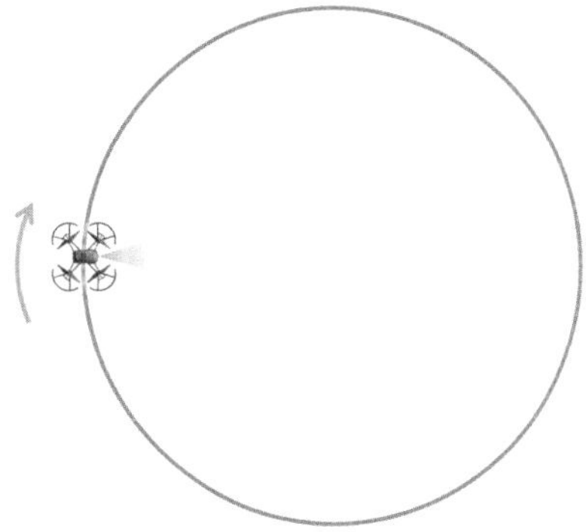

（1）使用遥控杆量模块控制无人机沿圆形轨迹逆时针飞行 5 圈并停止，无人机朝向飞行方向飞行，可尝试开启摄像头飞行。

（2）使用遥控杆量模块控制无人机沿圆形轨迹逆时针飞行 5 圈并停止，无人机朝向圆心，以横滚方向飞行，如图 2.3.13 所示，可尝试开启摄像头飞行。

图 2.3.13　无人机以横滚方向绕圈飞行示意图

（3）无人机多圈飞行 9 圈，实时显示飞行圈数，并以灯光指示一圈飞行结束，可尝试开启摄像头飞行。

（4）无人机以螺旋上升姿态飞行 3 圈，可尝试开启摄像头飞行。

2.4　无人机障碍飞行

学习目标

（1）认识无人机前视 TOF 传感器和下视 TOF 传感器，了解 TOF 传感器原理。

（2）学会设计程序让无人机避障飞行、跟随飞行、越障飞行。

2.4.1　TOF 传感器原理

无人机在自主飞行的过程中，尤其在起飞、降落以及低空飞行阶段，往往会遇到大树、建筑物、山丘、悬崖峭壁等障碍物，这时候无人机需要避开这些障碍，绕过去、悬停、或是后退，如果无人机与障碍物不小心接触，极有可能造成无人机坠毁。

无人机避障使用的传感器通常有超声波、红外、激光雷达、摄像头等。TT 无人机采用的是红外传感器进行避障，也叫 TOF 传感器。

TT 无人机可通过机身下方的 TOF 高度传感器和无人机拓展模块自带的 TOF 测距传感器对障碍的远近进行感知。TOF 的英文为 Time of Flight，意思是"光飞行的时间"，光速约为 3×10^8 米 / 秒。TOF 传感器主要由红外发射器和接收器组成。

如图 2.4.1 所示，使用 TOF 传感器时，传感器的红外发射器发出红外光，同时开始计时，当红外光遇到物体时会发生反射，反射回来的光到达接收器，计时终止。从开始计时到计时终止的这段时间即为"光飞行的时间"，这也是红外光发射和返回需要的时间差（t），根据路程（s）、速度（v）与时间（t）的公式：

$$路程 = 速度 \times 时间$$

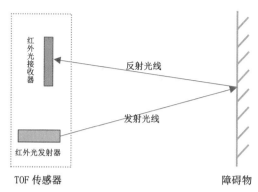

图 2.4.1　TOF 传感器原理图

也可表达为

$$s=vt$$

以上计算出的是红外光经过的全路程，而实际上传感器到物体之间的距离只有红外光经过距离的一半，再进行一次计算可得 TOF 传感器到物体的距离（d）：

$$d=\frac{s}{2}$$

前视 TOF 测距传感器属于单点测距，如图 2.4.2 所示，需要障碍物在传感器的正前方才能被探测到。下视 TOF 高度传感器可以测量高度数据，无人机使用此传感器可控制飞行高度。

图 2.4.2　拓展模块上的前视 TOF 测距传感器

2.4.2　下视 TOF 高度传感器

TOF 高度传感器探究

在无人机机身下方的 TOF 高度传感器可以用来测量无人机与地面的距离，探究无人机 TOF 传感器的测量范围。

无人机编程飞行很多时候是在室内进行，想要获得近 10 米高度的室内空间还是很难的。如图 2.4.3 所示，我们可以尝试手持无人机，并将无人机侧过来，让 TOF 高度传感器朝向墙壁，先让无人机紧贴墙壁，然后逐渐远离，同时读取 TOF 高度传感器的数值。

图 2.4.3　TOF 高度测量

TOF 高度传感器数值获取的方法是在编程界面的积木区找到 "TOF 高度" 模块 ![TOF高度(cm)]，然后勾选模块左侧的复选框☑ ![TOF高度(cm)]，这时候在编程界面的舞台区会看到 TOF 高度传感器反馈的数据，如图 2.4.4 所示，这样可以不用编写程序，无人机也不用起飞就可以获得数据，探究的过程中可以配合使用刻度尺或卷尺进行实际距离的测量，测量的数据可与实际数据进行比较，如表 2.4.1 所示。

RoboMaster TT(单机): TOF高度(cm)　361

图 2.4.4　TOF 高度数据显示

表 2.4.1　TOF 高度数据记录表

次数	第 1 次	第 2 次	第 3 次	第 4 次	第 5 次	第 6 次	第 7 次	第 8 次	第 9 次
实际距离 / 厘米	10	20	30	40	100	500	800	900	1000
TOF 高度 / 厘米									

探究结论

通过对 TOF 高度传感器探究可以得知，TOF 高度传感器的测量范围大约是 30 ～ 900 厘米，也就是说，当无人机飞行高度小于 30 厘米时，TOF 高度传感器会反馈一个恒定的数值 10，当无人机飞行高度超过 900 厘米时，TOF 高度传感器会反馈一个恒定的数值 6553。

无人机下方还有一个摄像头，也称为光流传感器，这个摄像头与 TOF 高度传感器组合成无人机的视觉定位系统。利用摄像头可以获取无人机的位置信息，利用 TOF 高度传感器可以获取无人机与下视物体的高度，从而使无人机精确定位并提供无人机飞行高度的数据。为了提高无人机的视觉定位系统的稳定性，无人机相对下视物体表面的高度最好在 30 ～ 900 厘米，飞行环境要求光线充足，下视物体表面纹理丰富。

⊙　**试一试**

探究障碍物不在 TOF 高度传感器的正下方，而在其侧边时，障碍物还能被传感器准确探测到吗？

2.4.3　前视 TOF 测距传感器

无人机的前视 TOF 传感器安装在拓展模块上，只有当无人机上方加装拓展模块后，无人机才具有前视避障的功能。下面将探究无人机前视 TOF 传感器的量程以及超量程状态下传感器获取的数据值。

翻开无人机的说明书，如图 2.4.5 所示，可以查阅到以室内白墙为红外光的反射面，TOF 的最大测量距离是 1.2 米。拓展模块的点阵屏每次仅可显示一个数字，而 TOF 测距是以毫米（mm）为单位，为了显示方便，将以厘米为单位通过点阵屏的文字滚动模式来显示测量的距离，这样一来，一个距离值最多由 3 个数字组成，读取起来会稍方便些。可同时使用卷尺测量实际距离。

测距点阵屏拓展模块	
点阵 LED	红蓝双色 8×8
点阵驱动功能	IIC 数据接口、自动矩阵扫描、全局亮度 256 级可调、单像素红蓝 LED 亮度 256 级独立可调、自动呼吸灯功能
测距模块	红外深度传感器（TOF）
TOF 最大测量距离	1.2 米（室内白墙）

图 2.4.5　说明书里拓展模块的参数

在编程积木区的功能模块里找到"读取 TOF 测距"模块 ，通过编写程序让点阵屏显示实时测量的距离值，而且不必起飞无人机。运行程序后，将无人机朝向墙壁，无人机由近及远慢慢地远离墙壁，在这个过程中使用卷尺测量实际距离，同时从点阵屏中正确地读取距离数据，程序设计如图 2.4.6 所示。

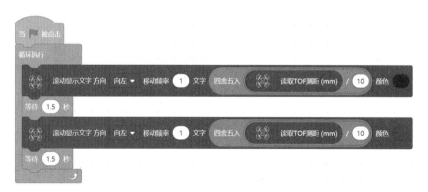

图 2.4.6　TOF 测距程序

本程序中使用了"除法"模块 和"四舍五入"模块 ，先将 TOF 测距传感器测量的距离除以 10，再通过"四舍五入"模块对计算的结果进行四舍五入后得到整数。由滚动显示模块将这个整数在点阵屏上以蓝色字体滚动显示，"等待 1.5

秒"的目的是让一组距离数字恰好全部显示出来并只显示一次,具体等待的时间长短需要根据显示数字的长度来调整;之后 TOF 测距传感器测量的距离值再以红色显示。使用两种颜色显示可以把连续显示的两组距离值区分开来。测量的数据可与实际数据进行比较,如表 2.4.2 所示。

表 2.4.2　数据记录表

次数	第 1 次	第 2 次	第 3 次	……	第 n 次	第 n+1 次	第 n+2 次
TOF 测距 / 毫米					127	128	819
实际距离 / 毫米							

探究结论

拓展模块上的 TOF 测距传感器的最小测量距离是 20 毫米,最大测量距离为 1280 毫米,如果实际距离超过 1280 毫米,传感器将会反馈距离值为 8190 毫米或 8191 毫米。所以 TOF 测距传感器可以用于无人机前方的近距离避障,当障碍物太远时,无人机将检测不到。

⊙　**试一试**

(1)使用 TOF 测距传感器,探究多大的物体可以被探测到。

(2)在探究 TOF 测距传感器的过程中,为了避免无人机电路主板温度迅速上升,我们可以设计程序,例如当电路主板超过 80℃时启动起桨模式进行降温,当温度低于 80℃时,关闭起降模式,从而避免在探究过程中无人机因主板温度过高而自动关机的现象发生。

2.4.4　TOF 传感器编程

有了 TOF 高度传感器,无人机就可以准确地知道自己的飞行高度了,而操控者若想准确地获得无人机的飞行高度,可以在电脑上实时获取,也可以通过设计程序在无人机的点阵屏上显示。

⊙　**飞行任务**

无人机起飞后到达一定高度就会自动悬停,测量无人机起飞后自动悬停的高度,多次测量取平均值。

程序设计如图 2.4.7 所示,无人机起飞后,亮起绿灯,循环次数设置为 10 次,每次可显示两组数据,共显示 20 组无人机高度的数据,飞行中选择其中的 5 个数据就可以了,记录在表 2.4.3 中。

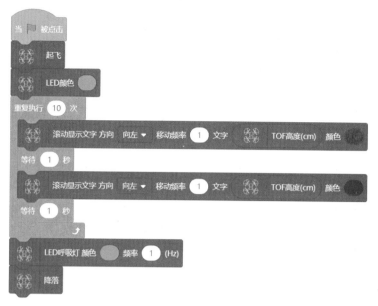

图 2.4.7　TOF 高度编程

表 2.4.3　数据记录表

次数	1	2	3	4	5
高度值 / 厘米					
平均值 / 厘米					

无人机在起飞后程序设置的高度为 80 厘米，但实际飞行中，由于多种因素的干扰以及无人机飞控的稳定性限制，所以无人机会在 80 厘米高度附近悬停。

⊙　**试一试**

（1）无人机在缓慢上升和缓慢下降过程中，实时显示无人机飞行的高度。

（2）在无人机飞行时，实时显示无人机与前方墙壁的距离。

2.4.5　无人机测量桌子的高度

⊙　**飞行任务**

起飞无人机，让无人机自主飞行并测量桌子的高度。

桌子的高度可以理解为地面与桌面之间的高度差，无人机若要测量桌子的高度，就意味着无人机需要从地面上空飞到桌面的上空，既要测量无人机到桌面的距离，也要测量无人机到地面的距离，如图 2.4.8 所示，通过实时数据获取二者的距离值，然后计算二者的距离差值，这个差值即为桌子的高度。

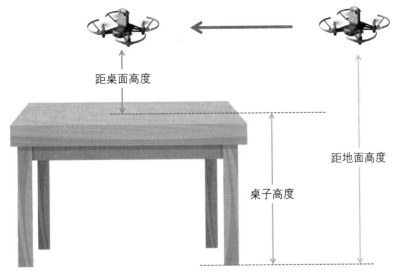

图 2.4.8　无人机测量桌子高度的示意图

通常一个桌子的高度在 1 米以下, 考虑到 TOF 高度传感器的有效测量范围是 0.3～9 米, 则无人机需要先飞到距离地面 1.3 米以上的高度。稳妥起见, 我们可以让无人机飞到距离地面约 1.5 米的高度进行测量。无人机先测量机身到地面的高度, 之后无人机再飞往桌子上方测量机身到桌面的高度, 通过减法模块计算并显示桌子的高度, 程序设计如图 2.4.9 所示。

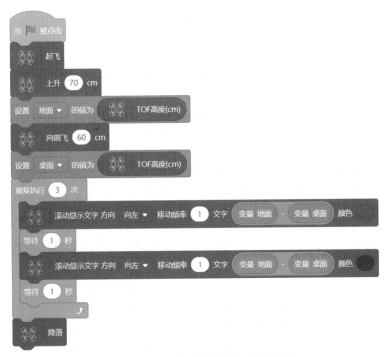

图 2.4.9　无人机测量桌子高度的程序

无人机从地面起飞并上升到 1.5 米的高度，先测量自身到地面的高度，并将这个高度值赋值给变量"地面" 变量 地面 ，然后无人机向前飞 60 厘米到达桌子上方，测量自身到桌面的高度，并将这个高度赋值给变量"桌面" 变量 桌面 ，再通过减法计算 变量 DiMian - 变量 ZhuoMian 桌子的高度，程序中使用了两个变量，变量添加的方法是在积木区变量类目 变量 中选择新建变量 新建变量 ，然后在如图 2.4.10 所示的对话框中输入变量名，最后单击"确定"按钮即可。

图 2.4.10　新建变量对话框

⊙　**试一试**

（1）起飞无人机测量凳子的高度。

（2）起飞无人机测量自己的身高。

2.4.6　无人机避障

⊙　**飞行任务**

无人机在教室内自主飞行，当遇到墙壁时，无人机需要停止靠近并悬停，然后选择左转或右转继续沿着墙壁飞行，或是原路返回。

设计程序，当无人机遇到障碍物时，无人机掉头并沿着原路返回。

程序设计参考图 2.4.11，无人机起飞后，在循环模块中，每前进飞行 20 厘米停一下，然后判断前方 60 厘米以内是否有障碍，当无人机前方出现障碍并且其距离小于 60 厘米时，循环模块结束运行，红灯闪烁，无人机掉头返回，飞行 100 厘米后降落。

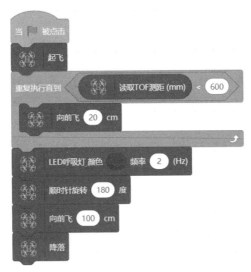

图 2.4.11 无人机避障的程序

⊙ **试一试**

（1）自主飞行的无人机遇到墙壁后返回起点。

（2）使用遥控杆量模块设计程序让无人机避障。

（3）无人机在教室内沿着墙边飞行，到墙角时避障转弯。

（4）设计程序，当无人机遇到障碍物时，以随机的方式向左或向右转弯。

2.4.7 无人机越障

有时候无人机遇到障碍物，需要绕过障碍物继续向前飞行，无人机可以选择从障碍物的左侧或右侧绕过，有时候障碍物的左右两侧延伸得很长，就像一堵围墙，无人机要想继续向前飞行，可能需要从障碍物的上方绕过。

⊙ **飞行任务**

无人机自主飞行，当遇到障碍物时，无人机从障碍物的侧方绕过并回到原来的方向继续飞行。

程序设计参考图 2.4.12，无人机起飞，循环 {无人机向前走 20 厘米，直到 TOF 测距小于 500 毫米，说明无人机遇到了障碍物，循环结束}，设置变量"飞行次数"的值为 0，循环 {无人机向左飞 20 厘米，每飞行一次，变量"飞行次数"的值增加 1，直到 TOF 测距大于 1000 毫米，说明无人机前方无障碍物，循环结束}；无人机继续向左飞 20 厘米，以此来保证无人机向前飞时不会碰到障碍物，将变量"飞行次数"再增加 1，向前飞 60 厘米，然后向右飞"20 厘米 × 变量'飞行次数'"，让无人机回到初始的方向上，无人机在原来的方向上继续向前飞 100 厘米，最后降落。

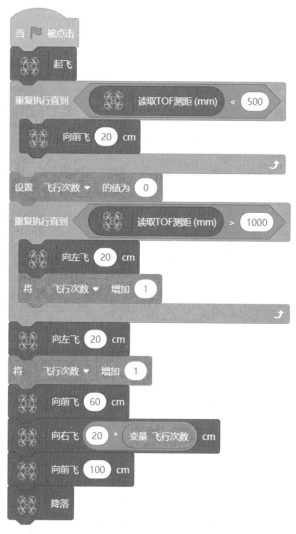

图 2.4.12　无人机越障的程序

⊙　**试一试**

（1）设计程序，让无人机自主从障碍物的上方绕过并回到原来的高度继续飞行。

（2）设计程序，无人机优先从上方绕过障碍物，如果上方还有障碍，无人机自动选择从障碍物的左侧或右侧绕过并继续向前飞行。

2.4.8　无人机跟随

在无人机航拍中有一个智能跟随拍摄的功能，通过视觉跟踪技术让无人机识别被拍摄的物体并进行跟踪拍摄，如图 2.4.13 所示。智能跟随功能不仅可识别并且自主追踪拍摄对象，而且在跟随过程中，机头朝向飞行方向，还能够实时避障。根据特殊飞

行任务的需求，无人机还能在拍摄物体的侧边保持同步移动，进行平行跟拍。无人机
能够跟随的对象可以是人、宠物、自行车、汽车等运动的物体，根据物体类型和运动
状态调节跟踪参数，始终保持无人机与物体处于同步状态，而且相对距离也基本保持
不变。例如，当被跟随的物体向前或向后运动时，无人机也跟随它一起向前或向后运动，
当这个物体停止时，无人机也将与对象保持一定的距离，并悬停在其上空。

图 2.4.13　无人机跟随高速行驶的汽车

⊙　**飞行任务**

无人机在你的前方起飞到一定高度，无人机自主跟随你一起前进或后退，当你停
止脚步时，无人机也将与你保持一定的距离并悬停。

程序设计参考图 2.4.14，无人机起飞后上升到 1.3 米的高度处悬停，无人机与跟随

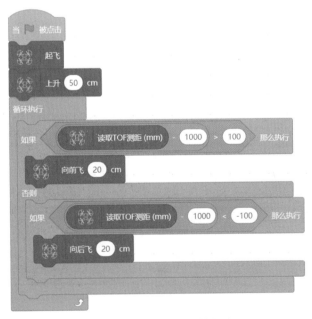

图 2.4.14　无人机跟随的程序

对象保持 1 米（1000 毫米）左右的距离，当不等式 成立时，意味着无人机与跟随对象的距离超过 1 米，则无人机向前运动靠近跟随对象；当不等式 读取TOF测距 (mm) 1000 < -100 成立时，意味着无人机与跟随对象的距离小于 1 米，则无人机向后运动远离跟随对象。

⊙ **试一试**

（1）设计程序，当无人机跟随飞行的任务完成后，控制无人机降落。

（2）设计程序，无人机飞向你的头顶上方，当你蹲下时，无人机自动下降，当你站起时，无人机上升。

（3）使用遥控杆量模块控制无人机的运动，让无人机跟随你的运动，尝试添加灯光和点阵屏显示。

2.5 无人机坐标编程

学习目标

（1）认识二维坐标系和三维坐标系，知道坐标在坐标系中的位置并理解其意义。

（2）认识无人机的坐标系以及坐标飞行模块。

（3）通过坐标飞行模块探究式编程，理解坐标和坐标飞行模块中各参数的功能。

（4）学会使用坐标飞行模块设计程序，让无人机按规划的航线飞行。

（5）认识坐标弧线飞行模块，学会使用坐标弧线飞行模块编程。

蜀山公园现在需要无人机对公园的重点区域进行巡逻，如图 2.5.1 所示，但本次巡逻的任务比较特殊，要求无人机以 $A \rightarrow B$ 的朝向、从公园的 A 点起飞，沿 A、B、C 三点围成的直角三角形进行一圈的巡逻飞行，在无人机飞行的过程中，由于巡逻视角的需要，无人机自身不能旋转，即要求无人机的朝向不能改变。

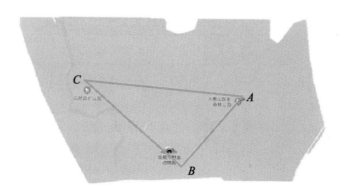

图 2.5.1　蜀山公园

使用 TT 无人机模拟本次的自主飞行任务，无人机朝向 B 点方向从 A 点起飞，向前飞 60 厘米 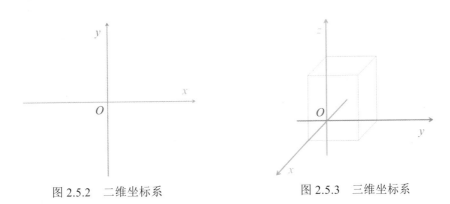 至 B 点，然后无人机再向右飞 80 厘米 至 C 点，那么如何让无人机在自身朝向不变的情况下从 C 点飞往 A 点呢？

TT 无人机拥有前后、左右、升降、旋转等基本运动的编程模块，运用这些动作模块可以控制无人机在空中自由飞行。如果无人机需要沿左前、右上、后下等斜的方向飞行，就需要运用无人机的飞行坐标模块。

2.5.1　直角坐标系

直角坐标系也称为笛卡儿坐标系。直角坐标系有二维坐标系（图 2.5.2）和三维坐标系（图 2.5.3），二维直角坐标系是由两条相互垂直、相交于原点的坐标轴构成，通常分别称为 x 轴和 y 轴，每一个轴都指向一个特定的方向；两个坐标轴的相交点称为原点，通常标记为 O。

图 2.5.2　二维坐标系　　　　　　图 2.5.3　三维坐标系

三维直角坐标系是在二维直角坐标系所在平面的垂直方向上添加第三个坐标轴构成的坐标系，三个坐标轴通常分别称为 x 轴、y 轴和 z 轴，这三条坐标轴相互垂直、相交于一点，即原点。

坐标系可以通过坐标来描述空间的位置。例如在二维坐标系中可以用坐标（3,5）来表示 A 点的位置，如图 2.5.4 所示，原点的坐标为（0,0）。如图 2.5.5 所示，在三维坐标系中坐标（5,6,8）可以表示 P 点的位置，原点的坐标为（0,0,0）。

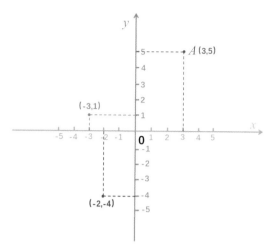

图 2.5.4　二维坐标系中的 A 点坐标位置

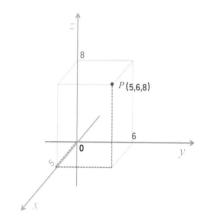

图 2.5.5　三维坐标系中的 P 点坐标位置

2.5.2　编程探究飞行坐标模块

如图 2.5.6 所示，无人机飞行坐标模块可以控制无人机以三维坐标的方式实现空间任意两点间的飞行，无人机可以以自己当前的位置为坐标原点飞往下一个坐标，空间坐标有三个参数，分别用 x、y、z 表示前后、左右、上下这六个飞行方向和距离。

图 2.5.6　无人机飞行坐标模块

在如图 2.5.6 所示的飞行坐标模块中，无人机飞往的坐标（A 点）x=50、y=60、z=80 可以写成（50,60,80），那么无人机在开始飞行之前的坐标为（0,0,0），如图 2.5.7 所示，图中带有箭头的红色虚线代表无人机的飞行航线。

飞行探究

探究无人机飞行坐标模块中三个坐标参数 x、y、z 对无人机飞行方向和距离的影响。

可以尝试采用控制变量的方式来设置坐标参数，先探究一个坐标值的变化对无人机运动的影响，例如在探究坐标值 x 时，飞行坐标（x,y,z）可设置为（30,0,0）、（50,0,0）、（-50,0,0）等；探究两个坐标值的变化对无人机运动的影响时，飞行坐标（x,y,z）可设置为（50,100,0）、（50,50,0）、

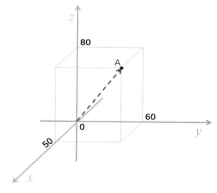

图 2.5.7　无人机的坐标飞行航线示意图

（50,0,50）、（–50,0,50）等；探究三个坐标值的变化对无人机运动的影响时，飞行坐标（*x,y,z*）可设置为（50,50,100）、（50,–50,50）等；为了飞行安全和便于观察无人机的飞行动作，我们将无人机的飞行速度设置得小一点，例如可设置无人机的飞行速度为 20 厘米 / 秒。

表 2.5.1　飞行坐标表

序号	坐标 $x \neq 0$	一个有效坐标值	两个有效坐标值	三个有效坐标值
1	（–50,0,0）	（50,0,0）	（50,50,0）	（50,50,50）
2	（–30,0,0）	（0,50,0）	（0,50,50）	（–50,–50,50）
3	（30,0,0）	（0,0,50）	（50,0,50）	（50,–50,–50）
4	（100,0,0）	（0,0,–30）	（–50,0,100）	（–50,–100,–50）
⋮				

设计程序，依次探究表 2.5.1 中的坐标对应的无人机飞行方向和距离。并将每次坐标飞行对应的航线信息记录下来。

程序设计

在如图 2.5.8 所示的程序中，无人机起飞后悬停在约 80 厘米的高度，无人机以悬停的位置为坐标原点（0,0,0），飞往坐标（50,50,0）的位置，飞行速度为 30 厘米 / 秒，在坐标飞行模块的前后分别添加绿色和蓝色灯光模块，以提示无人机开始坐标飞行的起点和终点。

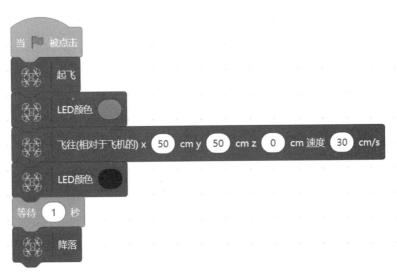

图 2.5.8　无人机飞行坐标探究程序示例

⊙　**试一试**

参考飞行坐标表格中的坐标，修改图 2.5.8 程序中的飞行坐标模块的坐标值，继续探究不同坐标对应的无人机运动的航线。

探究结论

以无人机当前悬停的位置为坐标原点建立坐标系,如图2.5.9所示,在无人机飞往的坐标 (x,y,z) 中,当只有一个坐标值不为0时,坐标 x ($x \neq 0$) 控制无人机的前后飞行, $x > 0$ 时,无人机向前飞, $x < 0$ 时,无人机向后飞;坐标 y ($y \neq 0$) 控制无人机的左右飞行, $y > 0$ 时,无人机向左飞, $y < 0$ 时,无人机向右飞;坐标 z ($z \neq 0$) 控制无人机的升降飞行, $z > 0$ 时,无人机向上飞, $z < 0$ 时,无人机向下飞。坐标值的大小代表着无人机移动的距离。

图2.5.9 无人机飞行坐标

在无人机飞往目标位置的坐标 (x, y, z) 中,当有两个以上的坐标参数不为0时,无人机飞行的动作相当于这两个或三个坐标参数飞行动作的合成,如图2.5.10所示的是无人机飞行的俯视图,无人机飞往目标位置的坐标是 $(50,100,0)$,由于坐标 z 的值为0,无人机在坐标 z 的方向上没有运动(无升降运动),无人机飞行的目标位置在 x 轴正方向50厘米(无人机的前方)、 y 轴正方向(无人机的左侧)100厘米处,无人机以直线从坐标原点 $(0,0,0)$ 飞往坐标 $(50,100,0)$,图中带有箭头的红线即为无人机实际飞行的航线,由于坐标 z 的方向垂直于纸面向外,所以图中未标出坐标轴 z 。

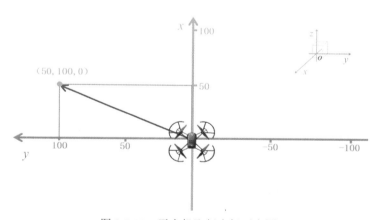

图2.5.10 无人机飞行坐标示意图

⊙ **试一试**

使用坐标飞行模块设计程序,完成蜀山公园飞行任务。让无人机在不旋转的情况下以边长60厘米、80厘米、100厘米的直角三角形为航线飞行,航线规划如图2.5.11所示。

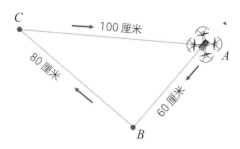

图 2.5.11　航线规划示意图

2.5.3　竖起的三角形航线

⊙　**飞行任务**

使用坐标飞行模块设计程序，让无人机在不旋转的情况下以边长分别为 100 厘米、100 厘米、120 厘米的等腰三角形航线飞行，围成的三角形平面垂直于地面，如图 2.5.12 所示。

如图 2.5.13 所示，三角形左右两个边长分别为 100 厘米，底边长为 120 厘米，无人机从三角形底边中间 O 点的位置开始沿竖起的三角形航线飞行，无人机在坐标 x 的方向上（前后）没有运动，只在坐标 y 方向（左右）和坐标 z 方向（升降）运动，所以坐标 x 未画出，在飞行中，坐标 x 的值为 0。无人机飞行依次经过 $O \to A \to B \to C \to O$，根据数学直角三角形勾股定理，可以计算出无人机在坐标 z 方向上上升的高度为 80 厘米。由此可以得出无人机从 O 飞往 A 的坐标为（0,60,0），从 A 飞往 B 的坐标为（0,-60,80），从 B 飞往 C 的坐标为（0,-60,-80），从 C 飞往 O 的坐标为（0,60,0）。

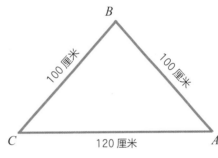

图 2.5.12　竖起的三角形航线

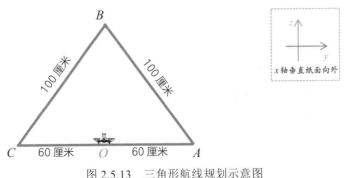

图 2.5.13　三角形航线规划示意图

勾股定理

在任何一个平面直角三角形中，如图 2.5.14 所示，直角三角形的两个直角边的平方之和等于斜边的平方。即

$$a^2+b^2=c^2$$

在以上飞行任务中，如图 2.5.15 所示，$O \to A$ 的长度为 60 厘米，$A \to B$ 的长度为 100 厘米，坐标 z 与坐标 y 是垂直的，三角形 AOB 围成的正好是一个直角三角形，设 $O \to B$ 的长度为 x，根据勾股定理可得：

$$60^2+x^2=100^2$$

根据计算可得出 $x=80$，即 $O \to B$ 的长度为 80 厘米。

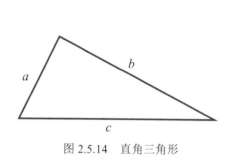

图 2.5.14　直角三角形

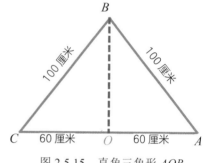

图 2.5.15　直角三角形 AOB

程序设计参考图 2.5.16，无人机起飞，LED 亮绿灯，无人机以当前坐标为（0,0,0），依次飞往（0,60,0）、（0,–60,80）、（0,–60,–80）和（0,60,0），飞行速度为 50 厘米 / 秒，LED 亮蓝灯，等待 1 秒，无人机降落。

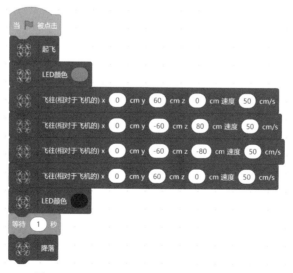

图 2.5.16　无人机沿三角形航线飞行的程序

⊙ 试一试

（1）使用坐标飞行模块设计程序，让无人机按以下航线飞行，飞行过程中 LED 亮蓝灯，飞行航线参考图 2.5.17。

图 2.5.17　航线规划示意图

（2）使用坐标飞行模块设计程序，让无人机以三角形、平行四边形、五边形、五角星等多边形航线飞行，飞行过程中 LED 灯亮，尝试使用延时摄影来记录无人机的航线。

2.5.4　灌溉山上的茶园

⊙ 飞行任务

山上种有一片茶园，如图 2.5.18 所示，由于长期未曾下雨，植物缺水，现在计划使用 TT 无人机来模拟植保无人机对这片茶园进行喷洒补水，为了喷洒均匀，无人机需要相对于茶树等高飞行。请规划无人机的飞行航线，设计程序，完成茶园的喷洒任务。

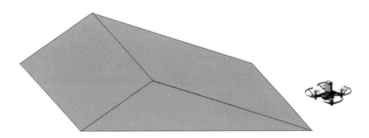

图 2.5.18　山坡上的茶园示意图

由于茶树种在山坡上，为了与茶树保持一致的高度，无人机的飞行相对水平面的高度是变化的，我们可以尝试"弓"字形航线飞行，航线规划如图 2.5.19 所示。

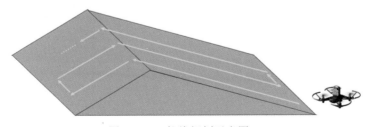

图 2.5.19　航线规划示意图

假设山坡的高度是 35 厘米，山的右侧斜坡的长度是 100 厘米，左侧斜坡的长度是 50 厘米，斜坡的宽度是 120 厘米，无人机来回飞行航线的间距为 30 厘米，飞行时无人机距离茶树的高度保持在 80 厘米。

程序设计参考图 2.5.20，无人机从平地起飞，然后向前飞行 30 厘米，到达茶园上空区域，绿灯亮起，无人机开始模拟喷洒作业，循环 2 次后，红灯亮起，任务完成，无人机继续向后飞行 30 厘米，离开茶园区域，最后无人机降落到水平面上。

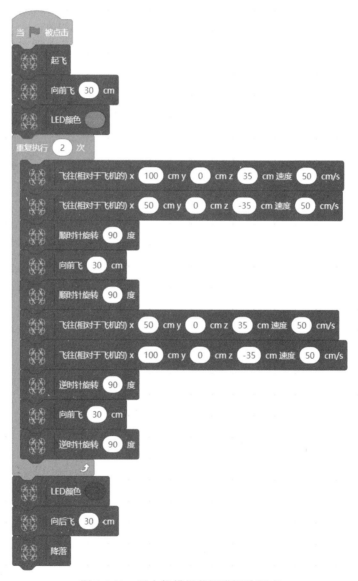

图 2.5.20　无人机模拟茶园灌溉的程序

⊙ **试一试**

重新规划航线，设计程序，使用 TT 无人机对山上的茶树模拟喷洒补水。

2.5.5 坐标弧线飞行

坐标弧线飞行模块是根据空间的三个坐标点的位置规划成一个圆弧形航线，无人机飞行依次经过（0,0,0）、（$x1,y1,z1$）、（$x2,y2,z2$）这三个坐标点，如图 2.5.21 所示。坐标（0,0,0）是无人机每开始一段弧线飞行之前默认的起点，坐标（$x1,y1,z1$）是无人机弧线飞行途中经过的一个点，坐标（$x2,y2,z2$）是无人机弧线飞行的终点，空间三点可以确定一个圆弧，但需要注意的是，坐标曲线飞行模块的三点确定的弧线圆半径需在 50 ~ 1000 厘米。

图 2.5.21　坐标弧线飞行模块

⊙　飞行任务

无人机起飞到一定高度，然后以半径为 100 厘米、平行于地面的圆形航线飞行 2 圈。

程序设计参考图 2.5.22，无人机起飞，LED 亮绿灯，循环 { 无人机以当前位置为坐标（0,0,0），以圆弧航线依次飞往坐标（100,100,0）和（100,−100,0），飞行速度为 50 厘米 / 秒；之后无人机再以此处的坐标为（0,0,0），以圆弧航线依次飞往坐标（−100,−100,0）和（−100,100,0），飞行速度为 50 厘米 / 秒，到这里，无人机已完成一圈的航线飞行，在飞行过程中，无人机的朝向不变；重复执行两次可让无人机飞完两圈 }；LED 亮红灯，无人机降落。

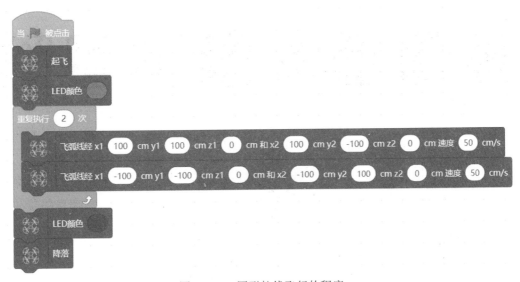

图 2.5.22　圆形航线飞行的程序

试一试

（1）无人机以半径为 100 厘米、垂直于地面的圆形航线飞行 5 圈。

（2）无人机以某一半径飞行一个 "8" 字形。

（3）无人机以半径为 100 厘米、平行于地面的圆形螺旋上升轨迹飞行 3 圈。

（4）无人机以半径为 100 厘米、垂直于地面的圆形航线飞行 3 圈。

2.6　无人机挑战卡坐标编程

学习
目标

（1）认识无人机飞行挑战卡和挑战卡中图案的含义。

（2）认识挑战卡上的坐标，学会使用挑战卡坐标模块编程。

（3）运用多张挑战卡编程飞行，掌握无人机精准飞行和精准降落的技巧。

悬停在空中的 TT 无人机，采用坐标飞行模块可实现无人机每开始一次飞行动作，都将以当前悬停的位置作为参考点（坐标原点）进行一段距离的飞行。除此之外，TT 无人机还可以使用带有编号和坐标的挑战卡进行多样化的、可精确定位的飞行。

2.6.1　挑战卡与坐标

TT 无人机套装配有 4 张挑战卡，4 张挑战卡的正反面共绘有 8 种图案，如图 2.6.1 所示，每种图案代表一个编号数字，通过无人机下方的视觉传感器可探测识别不同挑战卡的编号，让无人机执行相应的编程命令。

图 2.6.1　挑战卡（编号：1 ~ 8）

挑战卡上的图案主要由火箭、编号、星球三部分组成，如图 2.6.2 所示，火箭的朝向代表该挑战卡坐标系 x 轴的正方向，星球是用于视觉传感器识别挑战卡编号的，视觉传感器通过检测星球排列的图案来识别挑战卡的编号，并获取无人机在该挑战卡坐标系中的坐标值。

挑战卡上的图案还包含着该挑战卡三维坐标的信息，如图 2.6.3 所示，坐标原点在挑战卡的正中心，挑战卡所在的平面为 x 轴和 y 轴所在的平面，坐标轴 z 垂直挑战卡平面向上，每个挑战卡都是一个独立的坐标系，不同挑战卡的坐标系互不影响，因此可以根据需要对一张或多张挑战卡进行任意摆放和组合。

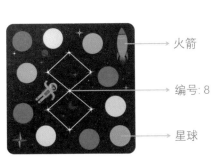

火箭

编号: 8

星球

图 2.6.2　挑战卡上图案的含义

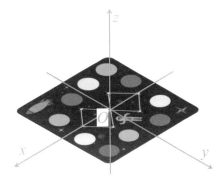

图 2.6.3　挑战卡上的坐标示意图

如图 2.6.4 所示，无人机对挑战卡的有效识别高度的范围为 30 ～ 120 厘米，在 30 厘米的高度处识别的面积范围为 40 厘米 ×40 厘米，在 120 厘米的高度处识别的面积范围为 100 厘米 ×100 厘米。

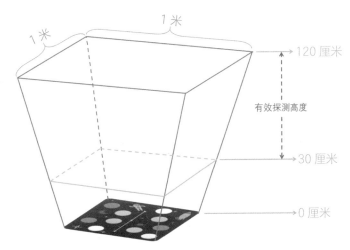

图 2.6.4　挑战卡上的可识别区域

若无人机飞行在挑战卡的可识别空间以外，无人机将无法准确获得挑战卡相关的信息，相关的编程命令也将失效，建议在有清晰纹理的平面放置挑战卡，使用挑战卡时需要保证环境光线适中，选择前视摄像头或下视摄像头都可以探测挑战卡编号及坐标信息，需要注意的是，挑战卡的坐标与无人机的朝向无关，即无人机坐标系和挑战卡坐标系互相独立。

2.6.2　挑战卡坐标编程

有了挑战卡，无人机可以在一张挑战卡的坐标系中飞行，也可以以直线或弧线航迹从一张挑战卡飞往另一张挑战卡。启动无人机在挑战卡上的坐标飞行，可以先设置无人机对挑战卡的探测位置为"下视" 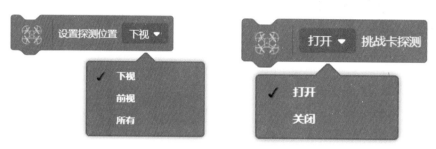 ，如图 2.6.5 所示，然后选择挑战卡探测模块并设置挑战卡探测的模式为"打开" ，这时候无人机可以探测到其下方的挑战卡；如果设置挑战卡探测位置为"前视"，则无人机可以探测其前方的挑战卡；如果探测位置设置为"所有"，则无人机在一次飞行中可以识别前方的挑战卡，也可以识别下方的挑战卡。

图 2.6.5　挑战卡探测模块

飞往挑战卡模块含有挑战卡坐标（x,y,z）、飞行速度和挑战卡编号（Mid），在挑战卡编号中设有 12 种编号，如图 2.6.6 所示，其中"m-1"表示无人机可以识别任意一张挑战卡编号，并在这张挑战卡的坐标系中飞行。"m-2"表示无人机没有识别到挑战卡，"m11"和"m12"表示无人机识别到飞行地图中的坐标。

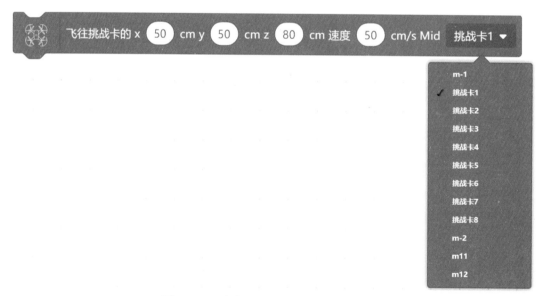

图 2.6.6　飞往挑战卡模块中的挑战卡编号

飞弧线经挑战卡模块可以实现无人机在一个挑战卡上开始一段圆弧线飞行，例如在如图 2.6.7 所示的模块中，无人机悬停在挑战卡 2 的上空，然后从当前位置以圆弧航线依次飞往坐标（20,20,80）和坐标（40,60,80），飞行速度是 60 厘米 / 秒。

图 2.6.7　飞弧线经挑战卡模块

跳跃沿挑战卡模块可以实现无人机在两个挑战卡之间的跨越飞行，如图 2.6.8 所示，无人机可以从一张挑战卡以直线航迹飞往另一张挑战卡的正上方，跳跃沿挑战卡模块中的坐标来自于第一张挑战卡的坐标系，在实际飞行中，跳跃沿挑战卡模块的坐标值对应的位置最好是第二张挑战卡的正上方。偏航值指的是在飞行的过程中无人机的朝向相对于挑战卡的火箭的方向偏转的角度，角度范围是 −180°～180°，如果为正值，无人机偏转至火箭方向的左侧；如果是负值，无人机偏转至火箭方向的右侧。

图 2.6.8　跳跃沿挑战卡模块

例如，在如图 2.6.9 所示的程序中，跳跃沿挑战卡模块可以让无人机从"挑战卡 1"的上空飞往坐标（80,0,100）的位置，即无人机飞往距离"挑战卡 1"100 厘米的高度、前方 80 厘米处，然后无人机调整姿态，自动飞往"挑战卡 2"的正上方位置，无人机旋转至火箭的右侧 90°的位置，最后降落。

图 2.6.9　跳跃沿挑战卡程序

在编写程序时，可以通过"挑战卡编号"模块 实时获取挑战卡图案对应的编号，如果没有识别的挑战卡，则该模块反馈的数字为"−2"，如果无人机在飞行地图上飞行，则反馈的数字是"11"或"12"。通过挑战卡 x、挑战卡 y、挑战卡 z 三个编程模块可以实时读取无人机在某张挑战卡上空飞行的坐标，如图 2.6.10 所示。

图 2.6.10　挑战卡的三个坐标模块

2.6.3 挑战卡上矩形航线飞行

设计程序，无人机在"挑战卡1"上方沿正方形航线飞行。

选择"挑战卡1"并放在水平地面上，再将无人机放置于挑战卡中央的位置，无人机的朝向与挑战卡中的火箭朝向一致。无人机飞到距离挑战卡100厘米的高度，然后在这个高度的平面上进行坐标飞行，如图2.6.11所示，可以在挑战卡上画出坐标轴 x 和 y，无

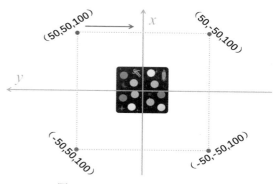

图 2.6.11　飞行航线坐标示意图

人机以边长为100厘米的正方形航线飞行。通过计算可得：在高度为100厘米的位置，正方形四个顶点的坐标分别是（50,50,100）、（50,–50,100）、（–50,–50,100）、（–50,50,100），正方形中心点坐标为（0,0,100）。

程序设计参考图2.6.12，无人机起飞后飞往坐标（50,50,100），准备开始正方形航线飞行。然后无人机再从坐标（50,50,100）依次经过（50,–50,100）、（–50,–50,100）、（–50,50,100）、（50,50,100），结束正方形航迹飞行后，无人机飞到正方形航迹的中心点，坐标为（0,0,100），最后无人机降落，飞行任务完成。

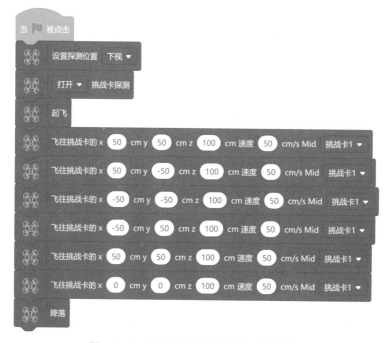

图 2.6.12　挑战卡上矩形航线飞行的程序

⊙　**试一试**

设计程序，让无人机完成以下航迹的飞行，如图 2.6.13 所示，并尝试规划新的航线飞行。

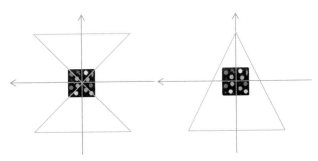

图 2.6.13　挑战卡上的航线示意图

2.6.4　无人机探索挑战卡编号

无人机起飞后在空中 150 厘米的高度悬停，手持挑战卡放在无人机的正下方，无人机识别挑战卡并通过点阵屏显示挑战卡的编号，选择编号"1"用来降落无人机。

程序设计参考图 2.6.14，开启挑战卡下视探测，无人机起飞，然后上升到距离地面 150 厘米的高度并悬停，循环 { 如果识别的挑战卡编号是 1 ～ 8，则在点阵屏上以蓝色字体显示对应的编号，直到识别的编号等于 1 时，循环结束 }，无人机降落。

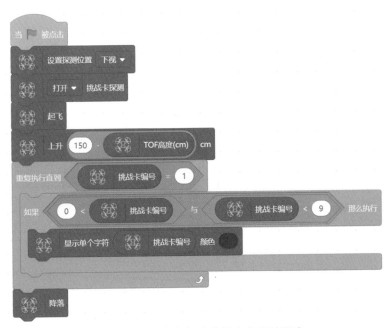

图 2.6.14　无人机探索挑战卡编号的程序

⊙ **试一试**

无人机起飞后在空中 150 厘米的高度悬停，手持挑战卡放在无人机的正下方，无人机识别挑战卡并通过点阵屏显示挑战卡的编号，同时利用挑战卡编号控制无人机的上下、前后、左右等飞行动作，例如编号为 1 时，无人机向上飞行 30 厘米，编号为 2 时，无人机向下飞行 30 厘米……。

2.6.5　无人机跟随挑战卡

无人机起飞后在空中 150 厘米的高度悬停，在无人机的下方手持挑战卡并不断移动，无人机跟随挑战卡并飞往挑战卡的正上方，飞行过程中，无人机相对挑战卡的高度不变（建议为 80 厘米），当挑战卡编号为 1 时，无人机以此挑战卡坐标飞行，移动这个挑战卡的位置，无人机始终以相同的挑战卡坐标飞行，实现无人机跟随挑战卡飞行，当挑战卡编号为 2 时，无人机自动降落。

程序设计参考图 2.6.15，无人机起飞，然后上升到距离地面 150 厘米的高度并悬停，打开挑战卡探测，探测位置设置为下视，循环｛无人机飞往挑战卡坐标（0,0,80），即无人机始终保持在挑战卡 1 的正上方 80 厘米的高度，直到识别的挑战卡编号等于 2 时，循环结束｝，无人机降落。

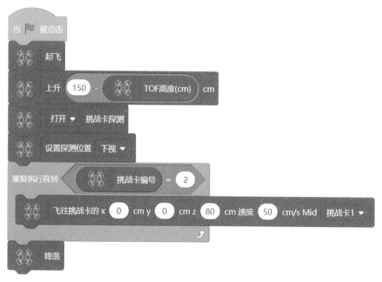

图 2.6.15　无人机跟随挑战卡的程序

⊙ **试一试**

（1）无人机起飞后在空中 150 厘米的高度悬停，在无人机的前方手持挑战卡并上下左右移动，无人机跟随挑战卡并飞往挑战卡的正前方。无人机跟随挑战卡飞行的过程中，无人机与挑战卡的相对距离保持不变（建议为 80 厘米），当挑战卡编号为 7 时，无人机跟随飞行，当挑战卡编号为 8 时，无人机自动降落。

（2）在不使用飞往挑战卡模块的情况下，尝试使用三个挑战卡坐标模块设计程序，如图 2.6.16 所示，让无人机跟随挑战卡飞行。

图 2.6.16　挑战卡坐标模块

2.6.6　无人机大楼巡逻

现在需要利用无人机对一栋大楼的四周进行安检巡逻，保障大楼的安全，如图 2.6.17 所示。

在教室内可以使用 TT 无人机来模拟这项任务，在地面画出大楼的俯视图，如图 2.6.18 所示，在大楼外围的四个拐角分别放置一个挑战卡，在挑战卡摆放时注意挑战卡火箭的朝向，为了易于程序编写，挑战卡的火箭朝向下一

图 2.6.17　无人机大楼巡逻示意图

个挑战卡，挑战卡编号的顺序可以依次是 1、2、3、4。无人机从"挑战卡 1"的位置起飞，沿着矩形航迹飞行 2 圈，无人机飞行至挑战卡上空时通过点阵屏显示挑战卡的编号，程序设计参考图 2.6.19。

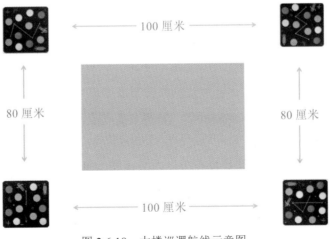

图 2.6.18　大楼巡逻航线示意图

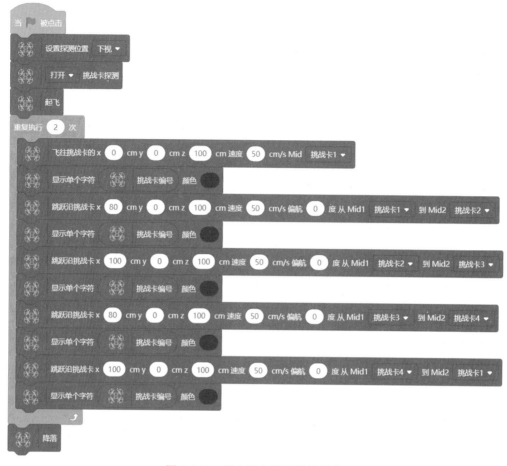

图 2.6.19　无人机大楼巡逻的程序

⊙　**试一试**

（1）在大楼巡逻的过程中，由于巡逻任务的需要，无人机在飞行过程中，需要将前视摄像头对着场地内部，设计程序，完成巡逻任务。

（2）设计程序，让无人机对大楼外围的 80 厘米、100 厘米和 120 厘米的高度分别进行一次巡逻。

由于无人机具有灵活、智能、成本低等优点，能够完成空中监控、日常巡逻、搜索跟踪、应对突发的社会事件、空中侦察抓捕罪犯等任务，所以无人机受到了警务部门的青睐。使用无人机对大楼安检巡逻，保障大楼的安全，防止不法分子进入，同时也能检测是否有人员处于大楼的危险边缘并及时进行救助。在城市巡逻方面，为缓解城市交通拥堵，无人机可以参与交通管理，通过"自动巡逻"远程掌握路段通行情况，尤其是高峰时段，无人机可以收集交通数据，协助地面交警疏导交通。在大型活动安保方面，无人机能够完成空中各个角度的监测巡检，监测范围广，减少人工巡逻的成本。还能实时观看活动现场出现的任何紧急状况，便于及时作出应对措施。

2.6.7 精准降落

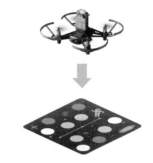

当无人机飞往挑战卡正上方 100 厘米的高度
准备降落时，如图 2.6.20 所示，由于受到气流等
因素的影响，无人机最终可能难以精准降落到挑
战卡上。那么有什么办法可以实现无人机的精准
降落呢？

图 2.6.20　无人机精准降落到挑战卡上

要实现精准降落，可以尝试对无人机的降落
分段进行，无人机每下降一定的高度，就调整一次无人机的姿态，直至成功降落在目
标位置，程序设计参考图 2.6.21。

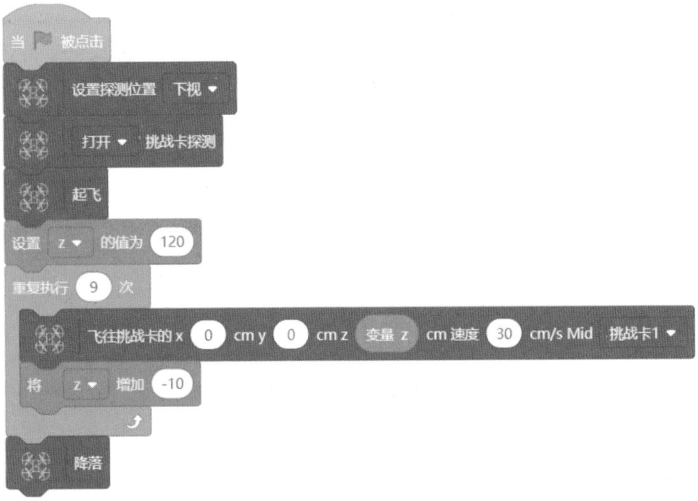

```
当 ▶ 被点击
  设置探测位置　下视 ▼
  打开 ▼ 　挑战卡探测
  起飞
设置 z ▼ 的值为 120
重复执行 9 次
  飞往挑战卡的 x 0 cm y 0 cm z 变量 z cm 速度 30 cm/s Mid 挑战卡1 ▼
  将 z ▼ 增加 -10
  降落
```

图 2.6.21　无人机精准降落的程序

⊙　**试一试**

（1）在空中起降平台中央放置一张挑战卡，无人机精准降落到挑战卡上，如
图 2.6.22 所示。

图 2.6.22　无人机降落平台示意图

111

（2）大家一起合作，分别利用八张挑战卡模拟完成篮球场边界巡逻程序的编写，如图 2.6.23 所示，实现无人机倒计时 30 秒后，开始自动起飞巡逻篮球场后安全降落，飞行过程中无人机始终朝向航线方向并显示挑战卡的编号，无人机完成巡逻任务后进行精准着落。

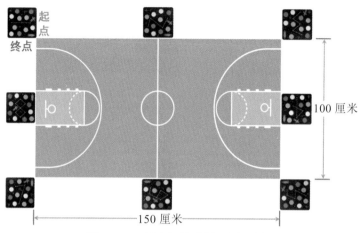

图 2.6.23　无人机篮球场巡逻示意图

无人机在空中完成任务后都需要进行降落，如图 2.6.24 所示，甚至在完成任务的过程中也需要进行一次降落后再起飞，而无人机的自主精准降落直接影响着无人机自主飞行的能力。无人机在起飞时可以大致获取起飞区域的 GPS 信息，同时获取起飞点的目标图案，当无人机完成任务时，无人机根据起飞点的 GPS 信息飞到降落区域的上方，运用图像识别技术，使无人机识别地面目标降落点，根据目标降落点与无人机的相对位置调整无人机的飞行姿态，实现精准降落。

图 2.6.24　无人机精准降落到标有"H"的飞行平台上

我们乘坐飞机在即将到达机场时需要对准跑道准备降落，稍有偏差都会给飞机降落带来危险，在早期的飞机降落中是依靠飞行员通过目视跑道操控飞机对准，但若是碰到大雾等能见度较差的降落环境，飞行员就很难控制飞机安全降落。现在的飞机有新的降落方式——自动着陆系统，自动着陆系统是一种安全可行的辅助着陆系统，在飞机降落过程中，它可以自动控制飞机对准跑道，以此来减轻飞行员的操纵难度，提高飞机着落的安全性。

2.7　无人机航线规划

 学习目标

（1）认识无人机常见的飞行航线。

（2）掌握无人机航线规划的方法，学会设计程序让无人机按规划的航线飞行。

（3）认识航线规划在无人机公路巡逻、无人机植保、无人机快递等场景中的应用。

2.7.1　无人机飞行航线

假期到了，我们计划外出旅游，打开地图规划旅行路线和目的地，首先要经过哪里，然后再去往哪里。旅游的路线规划能够让旅途更顺畅，不至于错失美景，也能让旅途的行程高效、充实而丰富。无论是载人飞机还是无人机，在飞行前一般也要进行航线规划，载人飞机在飞行前根据目的地规划航线，同时还要综合考虑飞机的到达时间、油耗、危险以及飞行区域等因素，可以为飞机规划出最优，或者是满意的飞行航线，以保证圆满地完成飞行任务。

具有全自主飞行能力的无人机往往拥有多种航线飞行模式，对于不同的应用场景，操作员可根据应用场景的特点选择"弓字形""井字形"或"自定义"任何一种航线飞行，如图 2.7.1 所示。例如对于多边形、块状区域的田地以及二维测绘，无人机常以"弓字形"航线在区域上空飞行；对于多边形、块状区域的高精度三维建模，无人机常以"井字形"航线来执行测绘任务；还有像公路、河道、铁路、输电线、海岸等场景，无人机常以自定义航线来完成巡检任务。

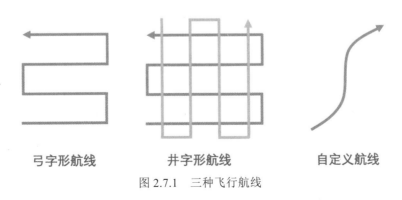

弓字形航线　　　　　井字形航线　　　　　自定义航线

图 2.7.1　三种飞行航线

2.7.2 无人机公路巡逻

如果公路上行驶的车辆较多，或者驾驶员违规驾驶车辆，极容易造成道路的拥堵，引起交通事故，为了及时了解道路情况、疏通道路、劝阻违规驾驶，可以使用无人机对城市的机场道路进行巡检工作，如图 2.7.2 所示，机场道路用红线标出，保证前往机场出行的旅客能够按时登机。

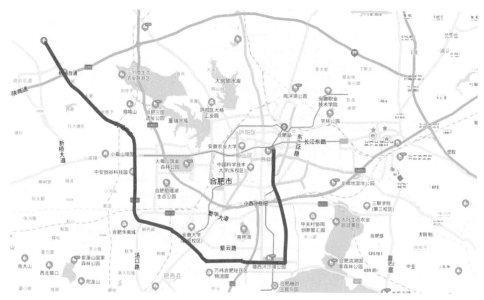

图 2.7.2　前往机场的路线（来源：百度地图）

⊙ **飞行任务**

使用 TT 无人机模拟道路的巡逻任务，开启摄像头，根据道路的曲折和长度规划出无人机的飞行航线。

可以使用彩色胶带在地上大致贴出道路的走向，选择自定义飞行航线，将道路进行分段，用测量工具测出每段道路的长度以及相邻两条路段之间的转弯角度，如图 2.7.3 所示，由于无人机不能接近机场上空，所以只能飞到远离机场 F 点的安全位置，最后将测量的数据写入程序中，无人机放置在 A 点，并朝着 B 点的方向，无人机起飞后上升到一个安全的高度，这里模拟飞行的安全高度可以设在 150 厘米，然后开始对机场道路进行巡逻，程序设计参考图 2.7.4。

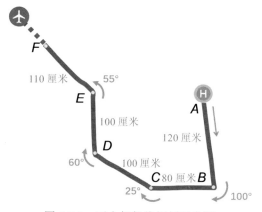

图 2.7.3　无人机航线规划示意图

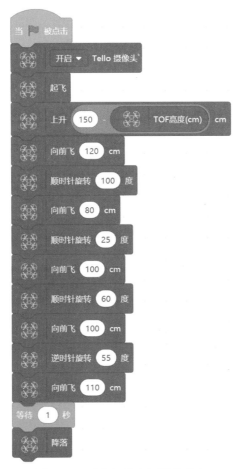

图 2.7.4　无人机公路巡逻的程序

　　开启摄像头，无人机起飞，上升至 150 厘米的高度，然后无人机按规划的航线飞行，航线飞行结束后，等待 1 秒，无人机降落。

⊙ **试一试**

　　（1）在以上任务中，可以在起点、终点以及每个路段间放置一张挑战卡，无人机可根据挑战卡坐标进行精准飞行，当无人机到达道路终点时，无人机自动返回起点。

　　（2）使用彩色胶带在地面上围成一个不规则的圆来模拟一个湖泊，如图 2.7.5 所示，设计程序，让无人机对湖泊的岸边进行巡逻。

　　使用无人机不仅可以对道路进行巡逻，还可以对河道、水库、湖泊进行自动巡逻工作，无人机的巡检效率是人工的 10 倍以上。在无人机对水域巡逻的过程中，如遇到人员落水，还可以通过投放救生圈进行及时营救。

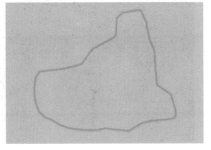

图 2.7.5　湖泊示意图

2.7.3 植保无人机

春种一粒粟，秋收万颗子。一粒小小的种子可能影响着一片田地的收成，更影响着农民的收入。如果田地里有了蚜虫、蝗虫、玉米螟（图 2.7.6）、菜蛾（图 2.7.7）等害虫，这些害虫就会啃食农作物，造成粮食减产。人们为了减少害虫对农作物的影响，往往通过喷洒农药的方式来消灭害虫。在过去喷洒农药的方式多是农民背负农药喷雾器直接到田里进行。任何一种农药都或多或少存在一定的毒性，这便会给喷洒农药的人的健康带来危害。下面我们将使用植保无人机进行喷洒农药的工作。

图 2.7.6　玉米作物上的玉米螟幼虫

图 2.7.7　菜叶上的小菜蛾幼虫

植保无人机以无人机为飞行平台，给无人机搭载药箱、喷洒设备、播撒设备等或者监测设备，如图 2.7.8 所示，可以进行花朵授粉、喷洒农药、播种、农田监测、农田测绘、农田管理等不同操作。

植保无人机给农田进行农药喷洒作业前，需要根据农田形状和面积规划飞行航线，如图 2.7.9 所示，由于无人机利用螺旋桨旋转产生的下压气流对农药进行开放式雾状喷洒，让农药均匀地附着到农作物叶片的正反面和茎部，如图 2.7.10 所示；为了避免农药在空气中弥散，植保无人机在作业时需要低空飞行，而低空飞行容易有电线杆、房屋等障碍物的干扰。所以在对无人机航迹进行规划的同时还需要考虑飞行中可能会碰到的障碍物等因素。

图 2.7.8　植保无人机

图 2.7.9　无人机航线规划

图 2.7.10 螺旋桨产生的下压气流

现在有一块长方形田地，使用 TT 无人机来模拟植保无人机作业，规划飞行航线，实现无人机对这片田地以自主飞行的模式进行农药喷洒。模拟的这块田地边长为 300 厘米 ×120 厘米。

⊙ 飞行任务

农药喷洒在低空进行，无人机与农作物的距离很近，设计无人机的飞行高度为 50 厘米，无人机以"弓字形"航线飞行，航线规划如图 2.7.11 所示。

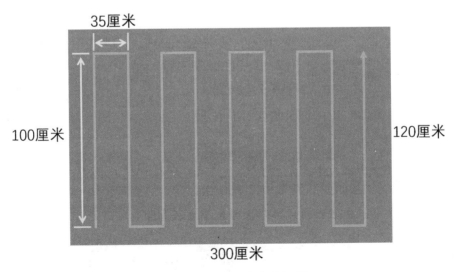

图 2.7.11 无人机植保航线规划

程序设计参考图 2.7.12，无人机起飞，然后下降到 50 厘米的高度，循环 { 无人机以"弓字形"航线飞行，重复执行 4 次，循环结束 }，无人机向前飞 100 厘米，最后降落。

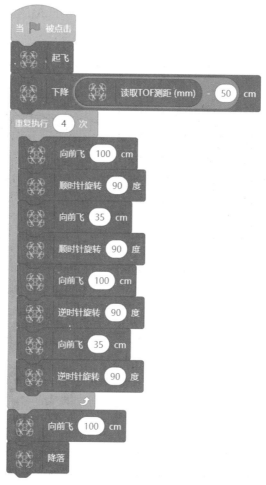

图 2.7.12　无人机植保的程序

⊙　**试一试**

　　现在有一块田地，田地中有一栋房屋，如图 2.7.13 所示，使用 TT 无人机来模拟植保无人机作业，规划飞行航线，实现无人机对这片田地以自主飞行的模式进行农药喷洒。

图 2.7.13　需要植保的田地

植保无人机可用于棉花、果树、茶叶、水稻、油菜籽等上百种农作物的田地。无人机可以按照航线精准飞行作业，保证喷洒均匀，避免了重喷和漏喷。先进的雷达避障系统可以让无人机准确预判探测范围内的障碍物的位置、距离、运动方向和速度，并可快速自主地精准绕行，实现全程自主飞行，无须遥杆操作，如图 2.7.14 所示。

图 2.7.14　田地检测与精准喷洒

利用植保无人机对农作物进行精准施肥、播种和浇灌等作业，甚至利用无人机的智能处方技术搭载检测设备对农作物的发病率和严重程度进行检测，根据农作物受到的病虫害程度，实施变量喷洒。正因如此，使用无人机进行植保作业可节约大量农药化肥和农业用水，这也有效降低了农药化肥的滥用，还可以提高农业的生产效率。无人机具有精准作业、高效环保、智能化、操作简单、环境适应性强、无需专用的起降机场等优点，如今越来越受农民的青睐。

2.7.4　无人机快递——快递一份问候

一天晚上你正在家里画画，突然天蓝色的颜料用完了，可是眼前的这幅画还没有完成，这时候可以尝试使用无人机快递，通过在网上下单支付，在不到半个小时的时间里，无人机就会将你需要的颜料快递到你的家里。

据报道，在 2016 年 12 月，亚马逊就在英国剑桥附近使用无人机向首位顾客派送了一包咸甜口味的爆米花和电视盒的包裹，从完成下单到货物送达共计用时 13 分钟。借助 GPS 完成定位，无人机全程完全自主飞行，完成任务后自动返回。无人机快递能够让用户足不出户，并能够让用户从下单开始在 30 分钟内收到包裹。

⊙　飞行任务

母亲节就要到了，从你的卧室起飞一架 TT 无人机，给坐在客厅沙发上的妈妈送上一份祝福，如图 2.7.15 所示。

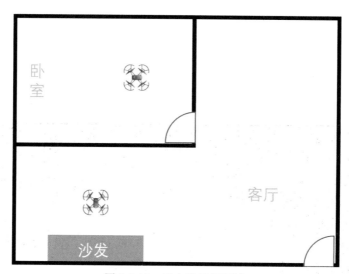

图 2.7.15　无人机飞行环境

　　将无人机放置在卧室里的地面上，朝着门的方向，规划飞行航线，无人机飞往沙发的前方悬停，无人机点阵屏上显示"母亲节快乐"。航线规划时要结合空间的大小规划航线。通常门的高度在 2 米左右，人坐沙发上视线高度约为 120 厘米，在无其他飞行障碍的情况下，无人机起飞后可上升到 120 厘米的高度飞行。航线规划如图 2.7.16 所示。

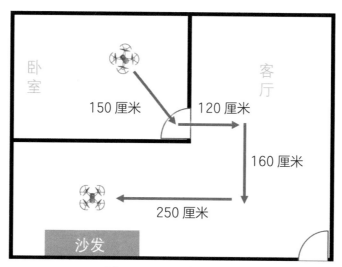

图 2.7.16　飞行航线规划

　　无人机飞行程序参考图 2.7.17，左边的程序是控制无人机的飞行，右边的程序是控制点阵屏的显示。在左边的程序中，无人机起飞，开启摄像头，然后上升至 120 厘米的高度，LED 灯绿灯闪烁，无人机按规划的航线飞往客厅沙发的前方，点阵屏显示"节日快乐"，LED 灯红灯闪烁，无人机降落。

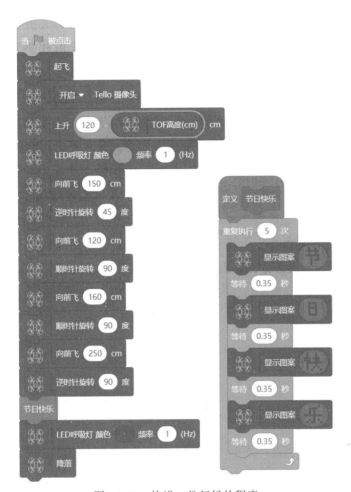

图 2.7.17　快递一份问候的程序

⊙　**试一试**

（1）在家里或无人机课堂上，规划一条飞行航线，向家人、老师或同学送上一份问候。可在地面放置挑战卡，以提高无人机飞行的精度。

（2）拆下无人机上方的拓展模块，在无人机机身的凸点上放上一个小小的礼物，起飞无人机，将这个礼物送给你的好朋友吧，如图 2.7.18 所示。

图 2.7.18　装载礼物的无人机

快递无人机通过网络与物流集散中心、无人机调度中心等进行数据传输，并实时向无人机调度中心发送自己的地理坐标和状态信息，接收调度中心发来的指令。待无人机进入用户区域后向调度中心或用户发出着陆请求或投掷包裹请求，在收到着陆指令后，无人机着陆停机，卸货签收并返航；在有些情景下无人机可选择不着陆，而是低空投掷包裹。

无人机快递有着得天独厚的技术优势，在效率、成本和到达准确率方面，尤其是以自动化飞行和配送的模式完成"最后一公里"的送达任务，具有极大的想象空间，并能有效克服人工短缺等难题。

快递无人机能够按设定的航线自主飞行、人工控制飞行和定点悬停，无人机自身还装载了黑匣子（飞行状态记录仪），以便记录无人机飞行过程等信息。同时无人机还具有失控保护功能，一旦无人机因某种因素失去飞行能力，失控的无人机能够自动开启降落伞，或启动应急避险程序，将危险和损失降到最低。既要考虑到无人机因坠落而影响地面行人的安全，也要考虑无人机和货物因坠落而造成的财产损失。所以快递无人机需要具有自动安全飞行、高精度定位和控制、自动适应地势和气候变化、自动避障、自动规划飞行路径、用户端任务规划和监控、远程监控及分析的能力。

2.8 无人机飞行特技与交互

（1）知道什么是特技飞行。

（2）掌握无人机翻滚模块的编程，学会设计程序让无人机进行特技飞行。

（3）通过使用 TOF 测距和 TOF 高度编程，学会设计程序实现无人机与人的交互。

2.8.1　特技飞行

固定翼飞机可以在跑道上进行正常的加速起飞、爬升、平飞和降落，直升机和多旋翼飞机还具有空中悬停的能力。除此之外，具有特技飞行能力的固定翼飞机和单旋翼直升机还能够进行倒飞、筋斗飞行等特殊的飞行。如图 2.8.1 所示，两架战斗机在空中高速飞行，其中一架正飞、另一架倒飞。

特技飞行的起源是偶然的，在早期的战争中，有些飞行员的飞行技术十分高超，甚至在无意中就能够飞出特别的动作，而且有的飞行员驾驶着飞机，当生命受到威胁时，急中生智发明了许多惊险动作，这就是最初的特技飞行。特技飞行在后来随着飞机性能的改进以及空战与表演的需要得到了迅速发展。

图 2.8.1　两架战斗机"比翼齐飞"

特技飞行，是人类在不断挑战人和飞机的极限，是对飞机性能的追求、对人体和飞行极限的挑战。特技飞行对提高飞行驾驶技术、增强耐力、培养勇敢精神和充分发挥飞机性能都有着重要的作用。特技飞行又是歼击机飞行员空战战术的技术基础，每个特技动作都可能成为夺取战术优势的手段。特技飞行也广泛应用于飞行表演中，并且不断创新，特技飞行的表演动作往往惊险刺激，令人目不暇接。

特技飞行动作：殷麦曼转弯

这个特技飞行动作是以一战德国王牌飞行员殷麦曼的名字命名的，也称为上升半滚倒转，如图 2.8.2 所示。在 1915 年的一天，年仅 25 岁的德国飞行员马克斯·殷麦曼驾驶着飞机率先在空中完成了这个飞行动作。简单来说，飞机一开始是水平正飞，然后进入抬头爬升阶段，形成一个"C"形的半圆弧航线，直至飞机完全进入倒飞阶段时（飞机进入"C"形圆弧的顶点），飞机朝着横侧突然做一个 180° 的半滚，由倒飞姿态重新转入水平正飞，这就是一个完整的殷麦曼转弯。正是这个动作能够让殷麦曼在作战中迅速赢得高度并能成功追击高度较大的敌机，获得尾追优势。在一年时间内，殷麦曼凭借这一飞行技术成功击落了 15 架敌机，以至于有些英军飞行员看到殷麦曼的飞机唯恐避之不及。

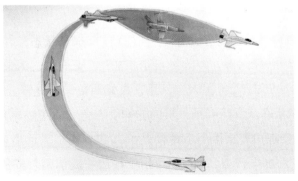

图 2.8.2　殷麦曼转弯示意图

2.8.2　TT 无人机的特技飞行

TT 无人机可以进行掌上抛飞（图 2.8.3）、全向翻滚（图 2.8.4）这样的特技飞行，使用抛飞编程模块，当静止在手中的 TT 无人机向外抛出时，无人机通过传感器判断自己已被抛出，立即启动螺旋桨让无人机在空中悬停；使用翻滚模块进行编程，悬停在空中的 TT 无人机还可以前后或左右进行 360°翻滚动作的飞行。

图 2.8.3　无人机掌上抛飞　　　　　图 2.8.4　无人机翻滚

用手托起无人机，使用"5 秒内抛飞"模块 ![5秒内抛飞]，当程序运行后，无人机的螺旋桨会开始旋转，然后将手上水平拿着的无人机向前抛出，之后无人机会自动悬停在一个高度。若 5 秒内未将无人机抛出，无人机自动退出抛飞模式，螺旋桨停止旋转。"翻滚"模块 ![翻滚 向前(f)] 可选择"向前""向后""向左""向右"模式控制无人机向各个方向进行 360°翻滚，如图 2.8.5 所示，需要注意的是无人机在进行翻滚动作时的电量必须在 50% 以上，否则翻滚任务不执行。

图 2.8.5　翻滚模块

2.8.3　无人机姿态检测

⊙　**飞行任务**

无人机自动检测自己是否处于水平状态（或接近水平状态），如果无人机处于水平状态，那么 LED 灯绿灯闪烁，点阵屏显示"Y"，无人机进入起桨模式，否则无人机 LED 灯红灯闪烁，点阵屏显示"N"，无人机螺旋桨停止旋转。

无人机处于水平状态，意味着无人机的俯仰姿态角和横滚姿态角等于 0°，为了操作容易，只要求俯仰姿态角和横滚姿态角接近 0°，我们可以设计当姿态角在 −5°～5°时，即认为无人机接近水平状态。本程序可用于检测并提示无人机是否处于水平状态，为无人机抛飞做准备，程序设计参考图 2.8.6。

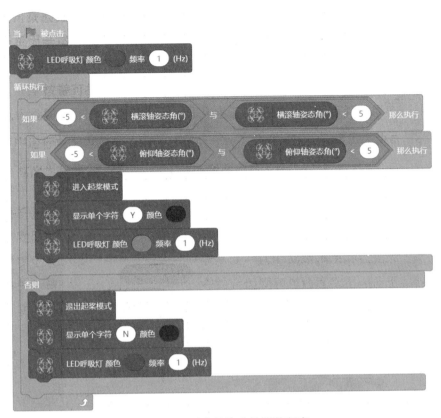

图 2.8.6　无人机姿态检测的程序

⊙ 试一试

（1）用手托起无人机，当无人机的俯仰姿态角和横滚姿态角都在 –5°～ 5° 时，绿灯亮起，示意无人机进入抛飞控制，5 秒内无人机抛飞，最后降落。

（2）使用无人机的旋转姿态角来设计一个指南针，当无人机分别朝向东、南、西、北时，在无人机点阵屏上对应显示 E、S、W、N，可同时搭配不同颜色的 LED 灯来指示对应的方向。

2.8.4　计时抛飞

⊙ 飞行任务

无人机 LED 灯绿灯亮起，点阵屏依次显示倒计时的数字“5、4、3、2、1”，倒计时开始后的 5 秒内抛飞无人机，然后无人机朝各个方向翻滚一次，最后降落。

程序设计参考图 2.8.7，在左边的程序中，LED 灯绿灯亮，广播倒计时，这时候右边的程序开始运行（左边的程序继续运行），进入抛飞倒计时：设置变量“倒计时”的值为 5，循环 { 显示变量“倒计时”的值，等待 1 秒，变量“倒计时”减 1，循环 5

次结束 }；对无人机 5 秒内抛飞进行倒计时，以此来提醒使用者及时抛飞手上的无人机。回到左边的程序：无人机成功抛飞后，LED 灯以呼吸模式亮蓝灯，等待 3 秒，最后降落。

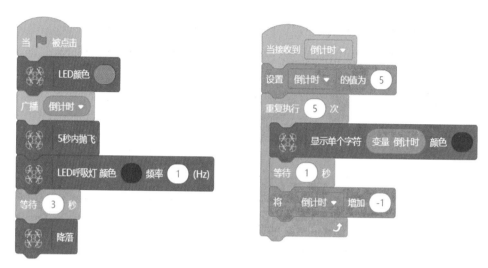

图 2.8.7　无人机计时抛飞的程序

⊙ **试一试**

通过程序来提示当手上的无人机接近水平姿态时，倒计时开始，5 秒内抛飞无人机，然后无人机以翻滚的方式飞出正方形航迹，翻滚时点阵屏指示无人机翻滚的方向。

2.8.5　跟无人机打招呼

⊙ **飞行任务**

无人机起飞后悬停在与眼睛相同的高度，如果在无人机的前方挥一挥手，无人机显示出微笑的表情，同时向前翻滚，否则，无人机显示沮丧的表情，当与无人机打招呼超过 10 秒时，无人机自动降落。

测量自己的身高（可以使用无人机来测量），如果你的身高为 160 厘米，无人机大约需要飞行至 155 厘米的高度才能与你的视线齐平。设定在无人机前方 120 厘米以内挥手，前视 TOF 测距传感器能够准确测出距离，无人机做出相应的动作。超出 120 厘米挥手或不挥手都默认为没有挥手，无人机显示沮丧的表情。

程序设计参考图 2.8.8，无人机起飞，上升到 155 厘米的高度，无人机在你目视的正前方，计时器重置为 0，循环 { 如果 TOF 测距小于 1200 毫米，说明无人机检测到前方有挥手动作，点阵屏显示笑脸图案，向前翻滚一次等待 1 秒；否则显示沮丧的表情，直到计时超过 10 秒，循环结束 }；LED 灯以呼吸模式亮红灯，等待 3 秒，最后降落。

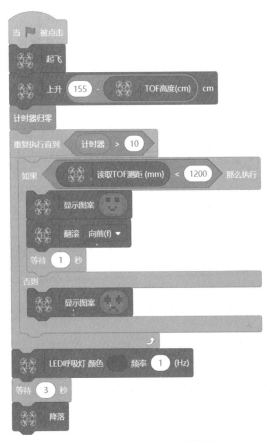

图 2.8.8　跟无人机打招呼的程序

⊙　试一试

无人机起飞后悬停在与眼睛相同的高度，当有人出现在它的面前时，无人机做出微笑的表情并向后翻滚，当人离开时，无人机做出沮丧的表情，当人与无人机的距离小于 50 厘米时，无人机自动降落。

2.8.6　左右躲闪的无人机

⊙　飞行任务

悬停的无人机，当有人出现在无人机的正前方时，无人机随机向左或向右躲闪。

程序设计参考图 2.8.9，无人机起飞，上升到 155 厘米的高度，大约在普通人目视的正前方，计时器重置为 0，LED 灯亮绿灯，设置无人机飞行速度为 100 厘米 / 秒，循环 { 如果 TOF 测距小于 1000 毫米，说明无人机检测到前方有人，如果在 0 和 1 之间产生的随机数等于 0，则无人机向左飞 50 厘米，否则向右飞 50 厘米，直到计时超过 10 秒，循环结束 }；LED 灯以呼吸模式亮红灯，等待 3 秒，最后降落。

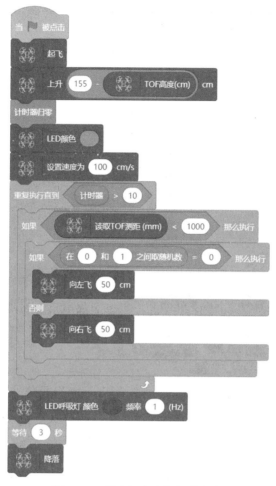

图 2.8.9 无人机左右躲闪的程序

⊙ **试一试**

（1）悬停的无人机，当有人出现在无人机的正前方时，无人机随机向左、向右、向上、向后躲闪，超时 10 秒后，无人机自动降落。

（2）悬停的无人机，当有人出现在无人机的正前方时，无人机随机地向左、向右、向后转弯，超时 10 秒后，无人机自动降落。

2.8.7　掌上降落

⊙ **飞行任务**

悬停在空中的无人机，当手掌平放在无人机的正下方时，如果 TOF 高度传感器检测到无人机与手的距离超过 50 厘米且小于 100 厘米，无人机向后翻滚一次；如果 TOF 高度传感器检测到无人机与手的距离不超过 50 厘米，直接降落在手上。

程序设计参考图 2.8.10，无人机起飞，然后升至 200 厘米的高度，循环 { 如果测量的 TOF 高度在 50 ～ 100 厘米以内，即手掌放在无人机的下方，点阵屏显示向上的箭头，无人机向后翻滚，否则 [如果 TOF 高度小于 50 厘米，点阵屏显示向下的箭头，无人机降落在手上，程序运行结束，否则 TOF 高度大于或等于 100 厘米，点阵屏显示笑脸，无人机在当前位置悬停]}。

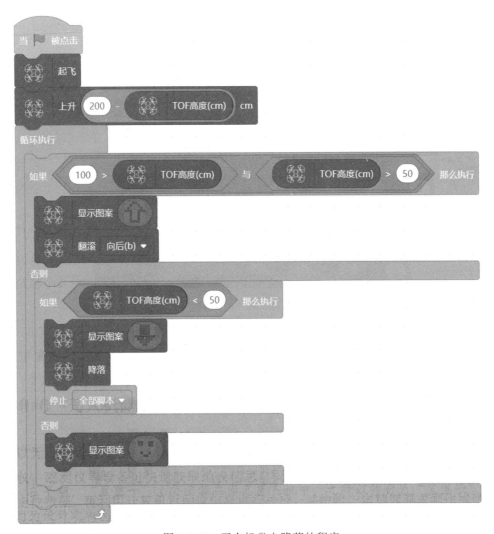

图 2.8.10　无人机掌上降落的程序

⊙　**试一试**

悬停在空中的无人机，当把手平放在无人机的正下方时，如果 TOF 高度传感器检测到无人机与手的距离超过 30 厘米且小于 100 厘米，无人机翻滚一次；如果 TOF 高度传感器检测到无人机与手的距离小于 30 厘米，无人机绕过手掌，降落到手掌正下方的地上；如果手不在无人机的正下方，无人机显示向下的箭头 "↓"。

2.8.8　寻找主人

⊙　**飞行任务**

悬停在空中的无人机，当有人随机站在无人机某个方位的附近时，无人机自动搜寻人所在位置的方向并靠近。

程序设计参考图 2.8.11，无人机起飞并升至 120 厘米的高度，循环 { 无人机以偏航杆量 20 开始旋转，直到前视 TOF 测距小于 1200 毫米时，即无人机检测到这个方向上有人出现，循环结束 }，无人机悬停不动，然后向前飞至人的前方 30 厘米处悬停，等待 3 秒，无人机降落。

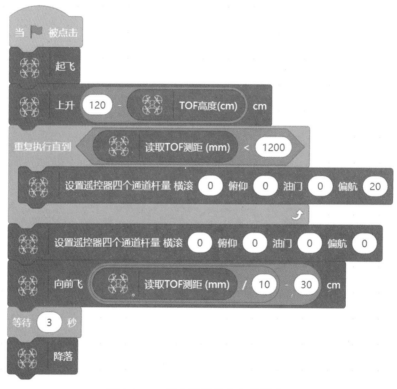

图 2.8.11　无人机寻找主人的程序

⊙　**试一试**

（1）悬停在空中的无人机，当你随机站在无人机某个方位的附近时，无人机自动搜寻你的位置并向你靠近，之后，你又再次远离无人机，并躲到无人机的某个方位，无人机还能够将你寻到并向你靠近。

（2）将无人机以任意朝向抛飞出去，然后无人机自动飞行到你的跟前，并显示微笑的表情。

2.8.9　听从挑战卡的指挥

⊙ **飞行任务**

在无人机的下方放置挑战卡，挑战卡的编号决定无人机翻滚的次数。如果挑战卡的编号是奇数，无人机向左翻滚一次，如果挑战卡的编号是偶数，无人机向右翻滚两次，当挑战卡编号等于 8 时，无人机降落。

无人机挑战卡的编号是 1 ~ 8 的自然数，任何偶数除以 2 的余数都等于 0，而奇数除以 2 的余数不等于 0，可以根据奇数和偶数的这个性质来进行区分，程序设计参考图 2.8.12。

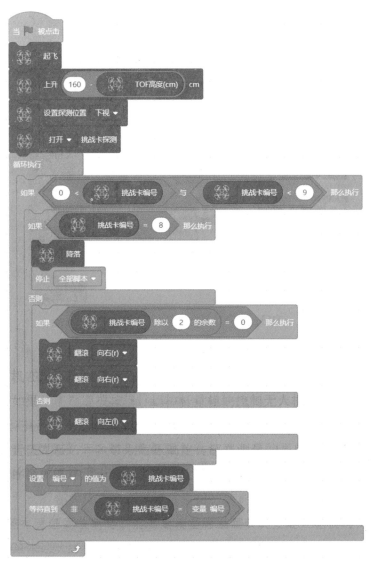

图 2.8.12　无人机听从挑战卡指挥的程序

⊙ **试一试**

在无人机的下方放置挑战卡，无人机根据挑战卡的编号执行翻滚的次数，同时显示挑战卡编号。如果挑战卡编号是奇数，无人机向左翻滚对应的次数；如果挑战卡编号是偶数，无人机向右翻滚对应的次数。

2.9 保护无人机

学习目标 （1）认识无人机飞行潜在的危险，学会设计程序保护无人机。

（2）了解冗余系统，通过编程让无人机的飞行更安全。

2.9.1 保护飞行的无人机

无人机的广泛应用让越来越多爱好摄影和旅行的人们开始起飞无人机，记录自己的城市和生活，越来越多的农场、茶林使用无人机管理田园。但是，无人机的飞行门槛并没有完全消失，在我们熟悉的城市上空，其实是一个危机四伏的空间，因为有越来越多的无人机在我们的头顶上空飞行。无人机的坠落除了会造成无人机自身的损坏，同时还会危及地面上行人的安全。

为了实现无人机的自主飞行，无人机上需要安装像人一样具备"看"的本领的传感器——视觉传感器，使用声波和红外传感器可以辅助视觉传感器更准确地识别和避开障碍物，而无人机的识别距离往往比较有限，大约 15 米。其中声波传感器使用类似蝙蝠的超声波来探测物体，通常用于无人机的自动着陆。这些传感器组成的视觉系统能够协助操控者在大多数情况下避免无人机发生碰撞和损坏。但仍需要记住的是，对飞行安全最终负责的还是操控者，避障系统是有用的，但不是绝对的。

为了 TT 无人机的飞行安全，TT 无人机给螺旋桨添加了桨叶保护罩，虽然桨叶保护罩使无人机的安全性得到了不小的提升，但这只是无人机飞行中的一道保险，也不是万无一失。

TT 无人机配有前视 TOF 测距传感器、前视摄像头、下视 TOF 高度传感器和下视摄像头，使用这些视觉设备再结合程序可以让无人机避障，也可保护飞行中的无人机。

2.9.2 紧急悬停与降落

为了无人机的安全飞行，在无人机的编程模块里有两个停止飞行的模块，分别是"停止运动并悬停"模块 ![停止运动并悬停] 和"紧急停机"模块 ![紧急停机]。"停止运动并悬停"模块可以让飞行的无人机即刻停止移动，并在当前的空间位置悬停，而"紧急停机"模块则是让正在飞行的无人机的螺旋桨立即停转，螺旋桨停转后的无人机将会直接坠落到地面。如果无人机飞行的前方是墙壁等障碍，我们可以尝试使用"停止运动并悬停"模块，避免无人机与物体发生碰撞；如果无人机飞行的前方是行人、危险物品，或者无人机户外飞行时突遇大风，为了安全，必要时可以使用"紧急停机"模块，使用这个模块可能会让无人机坠落损坏，但却可以避免更大的危险和损失。

⊙ **飞行任务**

无人机编程飞行和测试常在室内进行，由于室内空间有限，有时无人机会撞向墙面，现在给无人机设计一个可人工控制的防撞程序，当无人机飞近或飞抵墙壁时，通过键盘按钮控制无人机停止运动。

程序设计参考图 2.9.1，将无人机放在距离墙壁约 2 米的地面上，无人机起飞，程序会控制无人机向后飞靠近墙壁，当无人机将要与墙壁接触时，按下键盘的空格键，无人机停止运动并悬停，然后降落。

图 2.9.1　键盘控制无人机停止运动的程序

⊙ **试一试**

设计程序，用键盘按钮控制无人机的飞行动作，当无人机前方遇到障碍物时能够自动停止飞行。

2.9.3 无人机接触式避障

无人机的前方和下方都有 TOF 传感器和摄像头，而无人机的左侧、右侧、后方以及上方却没有。如何实现无人机的侧方或后方的避障呢？

飞行探究

无人机后退靠近墙壁，当无人机飞抵竖直平整的墙壁时，观察无人机的飞行姿态，记录无人机在整个过程中的俯仰轴姿态角。

编写程序，参考图 2.9.2，勾选"俯仰轴姿态角"模块 ☑ 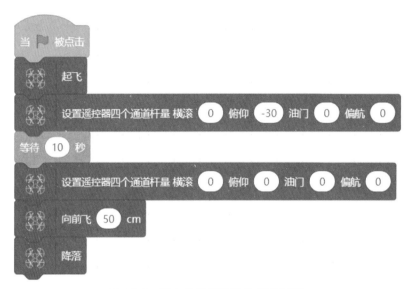，可在电脑端查看无人机俯仰姿态角的实时数据，运行程序，无人机起飞，然后后退，向墙壁靠近直至飞抵墙壁，等俯仰姿态角的数值相对稳定时，在表 2.9.1 中及时记录数据。10 秒后无人机悬停，向前飞 50 厘米后降落。

图 2.9.2　无人机飞抵墙壁的探究程序

表 2.9.1　数据记录表

俯仰杆量	正常飞行时俯仰姿态角 / (°)	与墙壁接触时俯仰姿态角 / (°)
−30		

探究结论

通过飞行探究发现，当无人机以杆量值 −30 正常后退飞行的过程中，其俯仰姿态角几乎为 0°，当无人机飞抵墙壁时，俯仰姿态角明显增加，约为 12°。

我们发现无人机正常飞行与飞抵墙壁两种状态下的俯仰姿态角是不同的，可以根据无人机俯仰姿态角的变化来设计程序让无人机实现与墙壁的接触式避障。

⊙　**试一试**

（1）无人机向左飞或向右飞靠近墙壁，当无人机飞抵平整的墙壁时，观察无人机的飞行姿态，记录无人机在整个过程中的横滚轴姿态角，尝试通过点阵屏显示姿态角数据。

（2）设计程序让无人机以不同杆量正常飞行，探究无人机的杆量值与无人机的俯仰姿态角的关系。

⊙ **飞行任务**

给无人机设计一个飞行保护程序，当无人机在侧向飞抵墙壁时能够自动飞离墙壁。

程序设计参考图 2.9.3，无人机起飞，然后以杆量 –30 向后飞行，直到无人机的俯仰姿态角大于 6°时，说明无人机与墙壁发生碰撞，无人机以杆量 30 向前飞行 0.5 秒后悬停，最后降落。

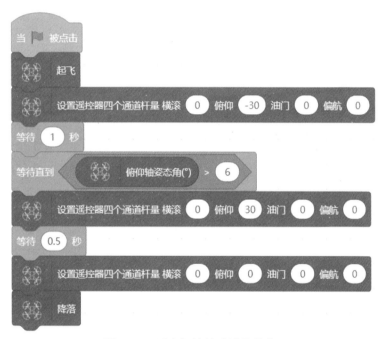

图 2.9.3　无人机接触式避障程序

⊙ **试一试**

设计程序，让无人机的前后左右都可以实现避障，尝试添加灯光和显示。

"竖起无人机"停桨

TT 无人机也自带了保护系统，当飞行中的无人机的俯仰姿态角或横滚姿态角过大时，例如姿态角接近 90°，无人机的螺旋桨会自动停转，起到一定的保护作用。

如果我们在飞行训练无人机的过程中，遇到无人机在低空悬停或是飞抵障碍物久久不能降落时，可以手动接触无人机上方的拓展模块，拿起无人机并竖起来，无人机的螺旋桨将立即停转。在测试中无人机的飞行高度尽量不要太高，在测试条件允许的情况下可设置飞行高度为 1 米左右。

2.9.4 万一故障发生时——冗余系统

虽然无人机拥有避障系统，能够在天空自主飞行，但是我们或许还会担心，如果遇到一个电机损坏、电路或电池供电故障、飞控系统失效等问题该怎么办？我们不妨可以想象一下，如果无人机的一个电机损坏，余下的电机依然可以正常旋转并让无人机缓缓降落，如果供电电路断开，无人机还有另一个电路代替原有电路让无人机正常工作，同样的道理，我们给无人机配备两块供电电池，两个飞控系统，当其中一个出现故障时，另一个依然能够保障无人机正常飞行。这就好像我们平常使用电脑备份资料一样，当储存重要资料的电脑损坏或丢失时，我们仍然可以从 U 盘里找回。无人机设计也可以使用这种备份的方法，我们把这个方法的应用叫作无人机的冗余系统。

无人机的 TOF 高度传感器和气压高度计都可以测量无人机飞行的高度。由于无人机室内不能飞行太高，否则会触及天花板，为了飞行安全，我们可以设计程序，只要检测到其中一个超高，无人机自动降落。

设计程序对无人机进行限高飞行，无人机相对地面的最大飞行高度不能超过 250 厘米，开启无人机，测得即将起飞的无人机在地面时的气压计高度值为 –56.92 米，如图 2.9.4 所示，无人机达到最大飞行高度对应的气压计高度值为：

$$-56.92 \text{ 米} +2.5 \text{ 米} = -54.42 \text{ 米}$$

图 2.9.4　测量当前地面的气压高度值

程序设计参考图 2.9.5，起飞无人机，无人机的以油门杆量 30 上升，直到 TOF 高度值大于 250 厘米或气压计高度值大于 –54.42 米时，无人机悬停，最后降落。

图 2.9.5　无人机限高飞行程序

⊙　**试一试**

由于无人机前视 TOF 测距传感器安装在无人机的上方，如果障碍物的高度正好在 TOF 测距传感器的下方，但与螺旋桨在同一高度，那么障碍物依然会阻止无人机的飞行。设计程序让无人机前飞避障，当无人机的 TOF 测距传感器检测到障碍或无人机飞抵障碍物时，无人机自动降落。

在一些性能稳定、优越的无人机中，其电池、IMU、气压高度计、信号传输等多个重要部件采用了双备份冗余设计，例如双电池冗余设计可帮助无人机在其中一块出现故障的情况下，依然能够使用另外一块电池实现安全飞行，如图 2.9.6 所示。除此之外，电调和飞控通信采用了双信号传输设计，即使主控制信号丢失，也能经由备用通信接口传输控制指令。这让无人机飞行的可靠性得到了全面的提升，飞行控制系统在飞行中实时监测传感器数据状态，一旦出现故障立即执行切换。

图 2.9.6　具有多个冗余系统的无人机

在生活中，也有比较常见的冗余系统，如运货的重卡，在卡车载重的后轮胎上，任意一个轴承的一边至少有两个轮胎，其实仅需要一个轮胎，重卡就可以正常运行，另外一个轮胎就是冗余系统了。

在航空领域，飞机一旦出现飞行事故，将会造成很大的伤亡，因此在飞机上搭载冗余系统也非常有必要，例如一架飞机需要两台发动机可以正常启用的话，为了提高飞行的稳定性，那么可能会给这架飞机安装 4 台发动机，以保证在一两个发动机发生故障时不会引起飞机失事，避免造成重大事故。但在这里也可以看出冗余系统有一个很重要的缺点，飞机发动机的故障不是独立的，一个发动机着火可能会引起其他发动机的故障，甚至会影响整个飞机的飞行，所以在添加冗余系统时也要考虑系统自身携带的风险。

无论是无人机避障保护系统还是冗余系统，都无法避免无人机坠落带来的危险。

这时候我们或许可以联想到跳伞运动员使用的降落伞，或者快递无人机使用的降落伞，也可以联想到汽车的安全气囊。以降落伞作为无人机失去动力后紧急启动的缓降装置，飞行的无人机升力突然丧失，无人机无法保持平衡，这时候无人机上自带的降落伞便会自动打开，让无人机缓缓降落到地面，如图2.9.7 所示。无人机上的降落伞不仅可以保障无人机以及昂贵的挂载安全，更重要的是保证无人机在发生意外时极大地避免与减少对周边的人和物的伤害。

图 2.9.7　带有降落伞的无人机

2.10　无人机测绘编程

学习目标

（1）了解测绘和无人机测绘。

（2）认识气压高度计，理解气压高度计的原理。

（3）学会使用气压高度计和 TOF 高度传感器编程来模拟测绘。

2.10.1　测绘

在一堂课上，老师让我们在一张纸上画出经常去的地方，然而不经意间，我们不仅绘出了美丽的家园小区、学校和图书馆，等等，还描绘出了前往这些地方需要途经的道路，甚至凭借着脑海中的印象在道路两旁标记出标志性建筑，我们根据平常行程的时间估算各个建筑物之间的距离。这些工作其实可以说是完成了一次测绘。

几千年前，古人把走过的山川、河流、道路、树木都如实地画在羊皮上，如图2.10.1所示，用符号来记载或说明自己生活的环境以及走过的路，这样的羊皮成了原始的地图，是古人外出狩猎或劳作的指南。如今的地图绘制则采用卫星定位导航、激光雷达、无人机等先进的科学技术，使地图有了更丰富的内涵。通过高空卫星拍摄地球的表面来绘制各个国家的地图，在近地面使用无人机拍摄地貌，绘制局部详细地图、山川河流的地形以及田地面积等信息。无人机通过搭载测绘相机对地面拍摄多张边缘重叠的高清晰照片，再通过特别的图像编辑软件将这些照片整合在一起，操控人员可以使用多点定位，准确确定坐标，绘制出该区域的三维地图，并且不会出现扭曲，由于测绘过程中无人驾驶且能够自动规划航线飞行，相比于地面测绘和驾驶飞机测绘，无人机测绘更安全、更快速、更高效。

图 2.10.1　古人画在羊皮上的作战地图

有人说：“测绘就是把美丽的地球搬回家。”

测绘是对地面上的各种信息进行测量，然后将测量的信息绘制成图。例如我们站在阳台眺望窗外远处的公园，估算着公园所在的位置有多远。还有测绘专家借助测绘仪器绘制地图、测量山形等。小到目测距离，判断方向的日常生活经验，大到国家建设、武器制导等无一不与测绘紧密联系。

2.10.2　气压高度传感器

气压高度传感器是通过大气压的变化来测量高度的传感器，测量过程中不受障碍物的影响，测量高度范围广，可以进行海拔高度的测量。“气压计高度”模块  气压计高度(m) 就是借助气压高度传感器来实时获取无人机飞行的海拔高度。

由于气压高度传感器是根据气压的大小来间接测量高度，而环境中某一位置的气压不是固定不变的，还受到温度、湿度等因素的影响，甚至不同的无人机，其气压高度传感器也存在一定的差异。所以在使用气压高度传感器对无人机的飞行高度进行测量时，首先将无人机放置在地面上，在电脑端勾选“气压计高度”模块 ☑ 气压计高度(m)，然后将无人机成功连接到电脑上，读取此时气压高度传感器上的高度值，如图 2.10.2 所示，并将这个高度值作为地面高度的参考值，这里显示的高度为 –133.86 米，理解为海拔以下 133.86 米，其中负号表示高度在海平面以下。

RoboMaster TT(单机): 气压计高度(m)　-133.86

图 2.10.2　气压计高度数据

气压与海拔高度的关系

海拔是指地面某个地点高出海平面的垂直距离。海拔的起点也叫水准零点，是某一滨海地点的平均海水面，中国的水准零点设在青岛（图 2.10.3）。它是根据当地测潮站的多年记录，把海水面的位置加以平均而得出的。我们知道地球被厚厚的大气包裹着，大气压随着海拔高度的增加而降低。而气压的大小与海拔高度、大气温度、大气密度等有关，一般随高度升高按指数规律递减。气压高度传感器正是利用大气压与海拔高度的关系，通过大气压的大小来测量海拔高度的仪器，海拔高度又叫绝对高度。

在水准零点旁边有一个"珠穆朗玛峰"石碑（图 2.10.4），在这个石碑下还留有一段话："小朋友们，我们常乘坐飞机的飞行高度为 6000 ~ 12300 米，世界第一高峰珠穆朗玛峰，海拔高度为 8844.43 米。海拔零点在哪里？就在你的脚下，位于青岛银海的中华人民共和国水准零点。中国所有的海拔都是以这里为基准点测算出来的。环球之巅，始于零点，零点连珠峰，标志着从零开始，越走越高，步步高升。"

图 2.10.3　水准零点

图 2.10.4　"珠穆朗玛峰"石碑

2.10.3　测量天花板的高度

⊙ **飞行任务**

使用无人机分别测量教室的地面以及接近天花板的气压传感器高度值和 TOF 高度值。

可能教室的天花板高度我们还未知，也就无法确定无人机要上升的高度，我们可以采用试探性的飞行方式，让无人机一点一点地往上飞，直至无人机临近天花板。这时候我们再读取无人机的气压传感器高度值和 TOF 高度值。

无人机上升飞行的策略分为两种，一种是使用上升模块，通过键盘控制，每次上升最小的高度（20 厘米）；另一种方法是使用遥控杆量模块，可通过两个按键进行飞行控制，一个按键可控制无人机快速上升，当无人机比较接近天花板时，用另一个按键控制无人机缓慢上升，直至无人机非常接近天花板。下面我们采用第二种方法进行编程。程序运行前在电脑端的编程界面上分别勾选"气压计高度"模块☑ 气压计高度(m) 和"TOF 高度"模块☑ TOF高度(cm) ，程序设计参考图 2.10.5。

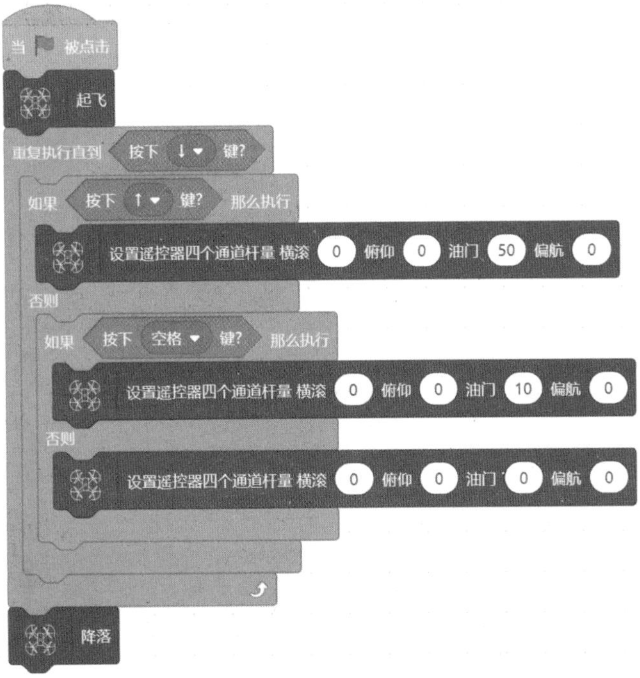

图 2.10.5　测量天花板的高度的程序

程序设计

读取无人机在地面时的气压高度传感器测量的高度值和 TOF 高度值，运行程序，无人机起飞，如果"↑"键被按下，遥控杆量模块控制无人机以油门 50 上升，当无人机比较靠近天花板时，按下空格键，遥控杆量模块控制无人机以油门 10 缓慢上升，直至无人机临近天花板，再次读取气压高度传感器测量的高度值和 TOF 高度值。按下"↓"键，程序退出循环，无人机降落。

⊙　**试一试**

（1）你还有更好更准确的方法测量教室的地面以及接近天花板的无人机气压传感器高度值和 TOF 高度值吗?

（2）键盘遥控无人机安全飞行，当超过某一海拔高度值后，自动降落。

2.10.4　地形高度测绘

⊙　飞行任务

利用课桌、凳子以及其他物体搭建一个高低起伏的地形，如图2.10.6所示，无人机飞行到一定的海拔高度，然后对地形进行测绘，记录地形上方的TOF高度数据。

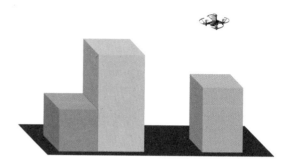

图 2.10.6　模拟的地形

程序设计参考图2.10.7，无人机从地面起飞，然后上升到距离地面150厘米的高度（高于地面所有物体），如果"←"键被按下，无人机前进飞往高低起伏的地形上方进行地形测量，如果"→"键被按下，无人机向后飞行，如果没有按键被按下，无人机悬停，当键盘的空格键被按下，无人机降落。

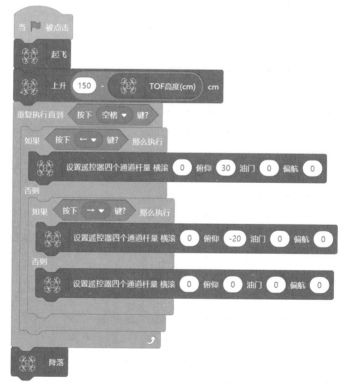

图 2.10.7　地形高度测绘的程序

在无人机的飞行过程中记录TOF高度传感器测量的地形高度数据，并将数据填入表2.10.1中，最后根据测量的地形数据绘制地形图，地形图的绘制参考图2.10.8和图2.10.9。

表 2.10.1 地形高度数据记录表

次数	飞行距离 / 厘米	TOF 高度 / 厘米

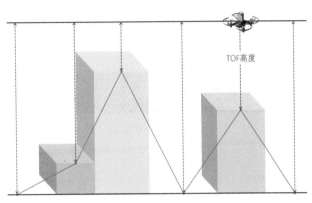

图 2.10.8 地形的 TOF 高度示意图

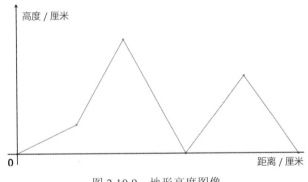

图 2.10.9 地形高度图像

⊙ 试一试

（1）无人机在连续水平飞行 1 米内的 TOF 高度数据若没有明显变化，则无人机自动降落。

（2）无人机在对地形进行测绘的过程中，通过点阵屏显示 TOF 高度数据。

2.10.5 无人机仿地飞行

无人机仿地飞行是指无人机与地面上的物体保持恒定高度飞行，如图 2.10.10 所示。借助仿地飞行功能，无人机能够适应不同的地形，根据测绘区域的地形自动生成变高航线，保持地面分辨率一致，从而获取更好的数据效果。仿地飞行不仅能够保障无人机的安全，而且拍摄地表画面的质量也会有极大提升，可以确保航测的数据精度一致。

图 2.10.10　无人机仿地飞行

⊙　**飞行任务**

使用 TT 无人机在高低起伏的地表上方以相对地表 50 厘米的高度附近飞行，如图 2.10.11 所示。

图 2.10.11　无人机仿地飞行示意图

无人机仿地飞行的程序设计参考图 2.10.12，无人机起飞后，降落到距离地面 60 厘米的高度悬停，循环 { 当无人机飞行的 TOF 高度在 50 ～ 55 厘米时，无人机以俯仰杆量 15 向前飞行，如果无人机在飞行中的 TOF 高度低于 50 厘米，无人机以俯仰杆量 15、油门杆量 30 斜向上飞行，如果无人机在飞行中的 TOF 高度高于 55 厘米，无人机以俯仰杆量 15、油门杆量 –30 斜向下飞行，直到电脑键盘上的空格键被按下，循环运行结束 }。四个通道杆量设置为 0，无人机悬停，最后降落。

⊙　**试一试**

（1）设计程序，当飞行的海拔高度超过一定数值后，无人机后退到起点降落。

（2）设计程序，无人机完成仿地飞行后，最后显示飞行过程中的最大的海拔高度值。

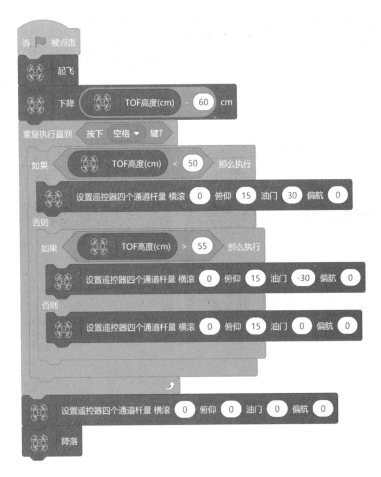

图 2.10.12　无人机仿地飞行的程序

2.10.6　无人机测绘

以无人机作为飞行平台，并给无人机携带高分辨率数码相机、红外扫描仪、激光扫描仪、磁测仪等设备可快速获取地表信息，同时也可获取超高分辨率数字影像和高精度定位数据，再利用计算机对图像信息进行处理，并按照一定精度要求制作成图像，可以生成二维的地面图像或三维立体的地貌模型，这就是无人机测绘，也叫无人机航测，如图 2.10.13 ～图 2.10.16 所示。无人机测绘具有高清晰、大比例尺、小面积等优点。特别适合获取公路、铁路、河流、水库、海岸线等带状地区的测绘作业。

2019 年 4 月 16 日，巴黎圣母院发生了一场大火，这座拥有 800 多年历史的古建筑损失惨重。但幸运的是美国瓦萨学院的专家为巴黎圣母院建造了精细的三维模型存档，修复和重建工作才得以开展，这次事故给全球古建保护工作敲响了警钟。由于古建筑是三维结构，复杂的结构和细致的纹理给传统记录工作带来了巨大挑战。

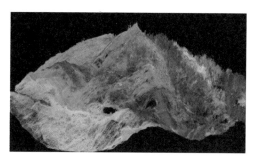

图 2.10.13　山林的三维影像

图 2.10.14　航测获得地面的三维点云数据

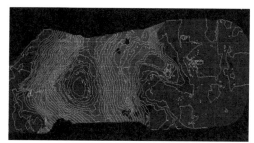

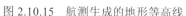

图 2.10.15　航测生成的地形等高线

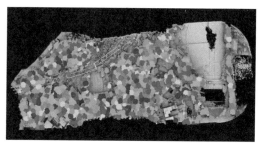

图 2.10.16　航测获取树木数量、冠幅、树高等信息

　　常用的影像数据大多只有地面物体顶部的信息特征，缺乏地面物体侧面详细的轮廓及纹理信息，不利于全方位的模型重建。而无人机拥有实景三维航测技术，能够根据一系列二维相片，或者一组倾斜影像，自动生成高分辨的、带有逼真纹理贴图的三维模型。如果倾斜相片带有坐标信息，那么模型的地理位置信息也是准确的。这种模型效果逼真，要素全面，而且具有测量精度，不仅带给人身临其境之感，还可用于测量学应用，是现实世界的真实还原。因而无人机能够高效、准确、无接触地获取建筑物的影像数据，并通过计算机视觉技术进行三维重建，最终实现对古建筑的数字化及信息化。

2.10.7　古建筑测绘

⊙　**飞行任务**

　　有一座方形底面的古建筑需要拍摄三维精细模型存档，使用 TT 无人机对古建筑的四周进行拍摄来模拟实景三维航测。

　　尝试使用立方形纸箱模型来代替古建筑，无人机对着纸箱的侧面以不同高度（自下而上或自上而下）环绕四周拍摄，如图 2.10.17 所示。无人机利用 TOF 测距判断是否到达建筑的拐角处，然后自动进行直角转弯。程序设计参考图 2.10.18。

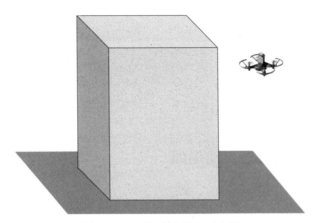

图 2.10.17　古建筑测绘示意图

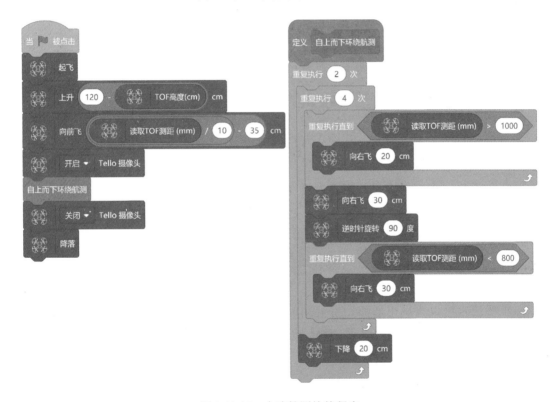

图 2.10.18　古建筑测绘的程序

⊙　**试一试**

（1）使用无人机手柄遥控模式，对古城堡的四周进行视频拍摄。

（2）有一座柱形古建筑需要拍摄三维精细模型存档，使用 TT 无人机对古建筑的外墙拍摄不同面的照片来模拟实景三维航测。

2.11　无人机自主返航

学习
目标

（1）掌握无人机返航的原理，认识无人机安全返航的重要性。

（2）学会多种方法设计程序让无人机按规划的航线返航。

2.11.1　超视距飞行与自动返航

无人机在很多时候是处于超视距飞行，地面操控人员往往只能通过无人机传回来的实时画面监视或控制无人机的飞行，呈现的画面多是空中无人机前方的景物，视野非常有限。为了保证无人机的安全，自动返航系统是相当必要的。自动返航是无人机在飞行过程中，当无人机失去控制方向、电池的电量偏低，或是遇到突起的山峰、大风、雷雨或其他恶劣的自然环境导致无人机与地面端失去联系时，无人机能够清楚判断自身的处境，自动做出返航的决断。无人机在返航过程中，为了避开返回途中可能遇到的障碍物，可按照原来的飞行航线返回，也可以在返航时先飞到预先设定的返航高度，然后再根据 GPS 坐标飞往起点上空，最后着落。

为了判断无人机是否已经与地面端失去联系，地面站的程序会在空闲时每过一段时间向无人机发送一个信息，当无人机在规定的时间内没有接收到这个消息时，就判断无人机处于失联状态，然后无人机会按照设定的返航程序自动返航。

2.11.2　原航线返航

小桥流水可以为城市增添一份灵动的景色，可是狭长的河道容易出现漂浮物、违章建筑、非法捕鱼、非法排污等现象，为了高效管理河道，保护河流的洁净和生态，我们可以使用无人机进行巡逻。

使用 TT 无人机来模拟河道的巡检工作，如图 2.11.1 所示，无人机需要对 H 点至 C 点间的河道进行巡检，当无人机遇到突发情况时，电脑空格键被按下，无人机按原来的航线自动返回。为了飞行安全，无人机返回时始终朝向飞行方向。

使用彩色胶带在地面上贴出弯曲的线条来模拟一条河流，通过测量线条的曲直和长度来规划无人机的飞行航线。根据巡检河段的特点，可将无人机的航线规划为三段，如图 2.11.2 所示。经测量，无人机在 A 点需要顺时针转弯 70°，在 B 点需要顺时针转弯 65°，在 C 点需要逆时针旋转 75°。河道 $H \rightarrow A$ 段长度为 120 厘米，$A \rightarrow B$ 段长度为 80 厘米，$B \rightarrow C$ 段长度为 100 厘米。用彩色胶带在地面上按一定比例大致贴出河道的弯曲走向。

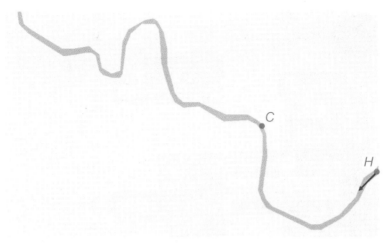

图 2.11.1　巡检河道

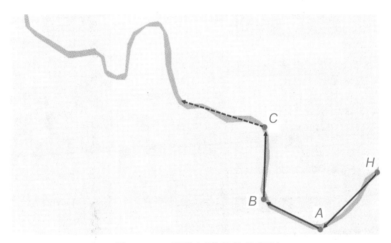

图 2.11.2　巡检河道的航线规划

如果无人机在 A 点处启动返航，则悬停在 A 点的无人机旋转至 $A \rightarrow H$ 方向飞行到 H 点降落；如果无人机在 B 点处启动返航，则悬停在 B 点的无人机旋转至 $B \rightarrow A$ 方向飞行，然后沿 $B \rightarrow A \rightarrow H$ 航线返回；如果无人机在 C 点处启动返航，则悬停在 C 点的无人机旋转至 $C \rightarrow B$ 方向飞行，然后沿 $C \rightarrow B \rightarrow A \rightarrow H$ 航线返回。

程序设计参考图 2.11.3，左边的程序是让无人机对河道进行巡检，右边的程序是控制无人机返航，如果电脑键盘的空格键被按下，变量"返航"的值为 1，启动返航命令。在左边的程序中，无人机从 H 点起飞，设置变量"返航"的值为 0，无人机向前飞 120厘米，到达 A 点，顺时针旋转 70°，如果变量"返航"的值等于 1，无人机从 A 点返航，否则无人机继续向前飞 80 厘米，到达 B 点，顺时针旋转 65°；如果变量"返航"的值等于 1，无人机从 B 点返航，否则无人机继续向前飞 100 厘米，到达 C 点，逆时针旋转 75°；如果变量"返航"的值等于 1，无人机从 C 点返航，否则无人机降落。

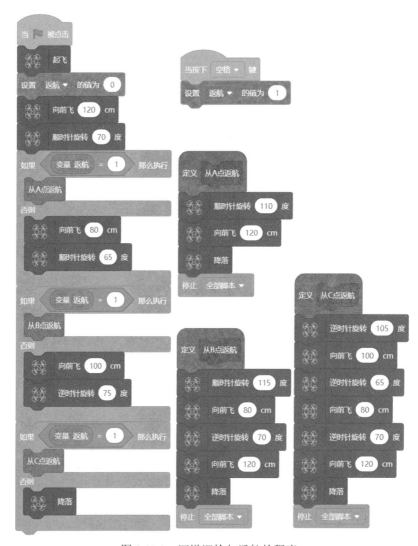

图 2.11.3　河道巡检与返航的程序

⊙　**试一试**

　　如图 2.11.2 所示，使用 TT 无人机模拟整个河道的巡检工作，无人机满电起飞，当电量下降超过 30% 时，无人机沿原路径返回至起点。使用彩色胶带在地面上按一定比例大致贴出河道的弯曲走向。

2.11.3　坐标返航

⊙　**飞行任务**

　　无人机从挑战卡上起飞，随机飞往挑战卡上的一个坐标点，然后开始返航，先飞往设定的安全高度 120 厘米，然后以这样的高度飞往挑战卡的正上方，最后降落，如

图 2.11.4 所示。

程序设计参考图 2.11.5，无人机从挑战卡
"8"上起飞，设置变量 x 为一个 –35 ～ 35 的
随机值，设置变量 y 为一个 –35 ～ 35 的随机
值，设置变量 z 为一个 80 ～ 120 的随机值，
无人机飞往挑战卡"8"的坐标（x,y,z），之
后无人机返航，无人机飞往挑战卡"8"的坐
标（$x,y,120$），即无人机上升到 120 厘米的高度，
然后无人机飞往挑战卡"8"的坐标（0,0,120），
即无人机到达挑战卡正上方 120 厘米的高度，

图 2.11.4　无人机返航航线规划

最后无人机降落，无人机可识别挑战卡坐标的飞行区域参考图 2.6.4。

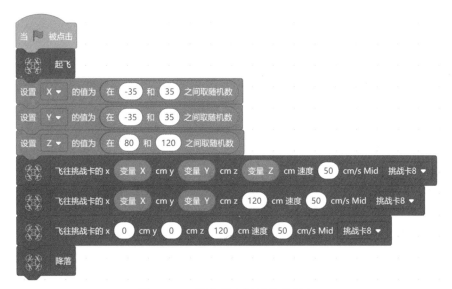

图 2.11.5　无人机坐标返航的程序

⊙ **试一试**

无人机在一张挑战卡上以随机的高度按正方形的航线飞行，飞行高度范围为
80 ～ 120 厘米，当电量降低 30% 或飞行时间超过 30 秒时，无人机飞往安全高度 120 厘米，
然后以这样的高度飞往挑战卡的正上方，最后降落。

2.11.4　无人机起降平台

在高楼顶端、海上舰艇以及无人机飞行训练中，经常看到"H"的身影出现，"H"
是一个供可垂直升降的飞行器起飞和降落的平台，这个起降平台已广泛用于直升机、

多旋翼飞机、无人机等飞行器的起飞和降落。起降平台可设计在平整开阔的地面、大楼的顶部、海上钻井平台、舰船上的飞行甲板等。

起降平台可应用于突发事件、客货运输、旅游观光、空中航拍、新闻搜集、紧急救援、消防救灾等方面。例如医院大楼顶部的无人机起降平台，拓展空中医疗救援，可为医疗提供高效的保障服务，平台边上配有一个专供运送病人使用的液压升降机，借助这部电梯，病人可以直达手术室，为抢救赢得宝贵时间。

⊙ **飞行任务**

无人机从地面起飞，然后自动降落到大楼顶部起降平台的中央位置，如图2.11.6所示。

图 2.11.6　空中起降平台

起降平台高度为 100 厘米，平台面积为 60 厘米 ×60 厘米，无人机放置在平台附近 120 厘米以内，朝向起降平台的方向，无人机从地面起飞后向平台靠近，当前视 TOF 测距传感器测量到大楼墙壁的距离等于 20 厘米时，无人机开始上升至相对地面 150 厘米的高度，通过计算，无人机还需要向前飞行 50 厘米，才可到达起降平台中央的上空，最后降落。无人机的飞行与降落示意图如图 2.11.7 所示。

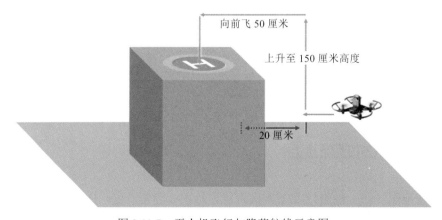

图 2.11.7　无人机飞行与降落航线示意图

　　程序设计参考图 2.11.8，无人机从地面起飞，然后向前飞，靠近空中起降平台，在距离平台 20 厘米的位置悬停，无人机再飞往 150 厘米的高度，向前飞 50 厘米，到达起降平台的正上方，最后降落到起降平台上。

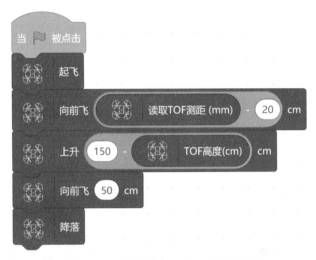

图 2.11.8　无人机空中平台降落的程序

⊙　**试一试**

　　（1）无人机以任意朝向放于空中起降平台附近 120 厘米以内的位置，无人机起飞后自动降落到起降平台的中央，起降平台高度未知，但高度在 100 ～ 150 厘米，平台面积为 60 厘米 ×60 厘米。

　　（2）无人机从一个空中起降平台起飞，降落到另一个空中起降平台上，如图 2.11.9 所示。

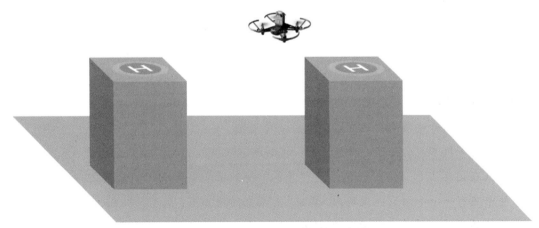

图 2.11.9　两个空中起降平台示意图

翼龙无人机

翼龙无人机是由中航工业成都飞机设计研究所研制的一种中低空、军民两用、长航时多用途无人机，如图2.11.10所示。翼龙无人机的用途非常广泛，在军事上无人机可携带各种侦察、激光照射测距、电子对抗设备及小型空地打击武器等装备，执行监视、侦察以及对地攻击等任务，以此来实现对敌目标进行远距离长航时侦察和精确打击，也可用于维稳、反恐、边界巡逻等。此外，还应用于民用和科学研究等领域，如灾情监视、缉私查毒、环境保护、大气研究、地质勘探、气象观测、大地测量、农药喷洒和森林防火等。翼龙无人机的总体性能已经达到了国际上同类型无人机的先进水平。

图 2.11.10　翼龙无人机

几年前，某国派出"翼龙"无人机执行任务，但由于地面站人员的操作不当，"翼龙"在飞出几十千米后突然与地面站的通讯中断了，导致地面站与无人机失去了联系。当时某国立即启用雷达全力寻找，但也未能找到"翼龙"的踪迹，紧接着他们向我国相关的技术专家寻求帮助。而在这种状况下，无人机远在千里之外，我国也是没有办法获得无人机的任何信息，这是"翼龙"在飞行了上百架次之后，第一次出现了这样的情况。就在失联30分钟之后，用户国认为无人机或许已经失控坠毁，正准备派人出去搜索残骸时，指挥塔台突然传来好消息，失联的那架"翼龙"无人机如奇迹般的自己飞了回来并安全着陆。

这次事故不仅验证了"翼龙"无人机断联返航功能的可靠，同时也让"翼龙"无人机在国际上广为流传，这正是"翼龙"受到很多国家青睐的原因之一。此次事件中还有一个小细节也表现出"翼龙"无人机的优异性，在无人机失联的情况下，地面站的操作人员甚至都无法在雷达上探测到自己的"翼龙"无人机，这也证明了无人机具有很强的抗探测能力。

2.12　无人机的飞行数据

（1）了解无人机的各种飞行数据。

（2）认识各种无人机飞行数据模块，学会运用飞行数据模块探究无人机撞击与坠落的数据。

2.12.1　飞行数据模块

无人机在户外超视距的环境下飞行时，有时会突发遇到不明原因的飞行故障，失去飞行能力的无人机最终会坠落到地面，根据无人机的飞行方向一般都可以找到它，但如何才能准确得知无人机飞行故障的原因呢？这就需要无人机的飞行数据来解答。

TT 无人机借助惯性测量单元（IMU）、TOF 传感器、气压高度传感器等电子元件来获取无人机的飞行数据，这些数据包括无人机飞行的速度、加速度、姿态角、高度、前方障碍物距离、电池电量等。

"俯仰轴姿态角"模块 俯仰轴姿态角(°) 可以检测无人机相对于水平面俯仰倾斜的角度。若无人机处于"俯"的状态，俯仰轴姿态角的变化情况是 0°→ –89°→ 0°，如图 2.12.1 所示；若无人机处于"仰"的状态，俯仰轴姿态角的变化情况是 0°→ 89°→ 0°，如图 2.12.2 所示。

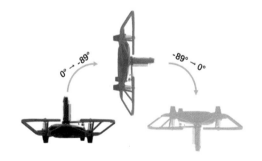

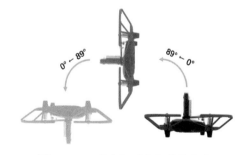

图 2.12.1　无人机"俯"的姿态角　　　　图 2.12.2　无人机"仰"的姿态角

"横滚轴姿态角"模块 横滚轴姿态角(°) 可以检测无人机相对于水平面左倾或右倾的角度，横滚轴姿态角的范围是 –179°～ 179°。若无人机在向右倾斜的过程中，横滚轴姿态角的变化是从 0°→ 90°→ 179°，如图 2.12.3 所示；若无人机在向左倾斜的过程中，俯仰轴姿态角的变化是从 0°→ –90°→ –179°，如图 2.12.4 所示。

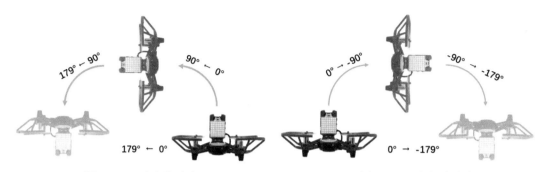

图 2.12.3　右倾姿态角　　　　　　　　　　　图 2.12.4　左倾姿态角

"平移轴姿态角"模块  可以检测无人机向左或向右偏转的角度。平移轴姿态角的变化范围是 $-179°$ ～ $179°$，无人机开机时的方向为无人机的平移轴姿态角 $0°$ 的方向，无人机顺时针旋转，平移轴姿态角朝正数方向增加，无人机逆时针旋转，平移轴姿态角朝负数方向递减，如图 2.12.5 所示。

图 2.12.5　平移轴姿态角（参数要测试）

无人机加速度模块有 X 轴加速度模块、Y 轴加速度模块、Z 轴加速度模块三种，如图 2.12.6 所示，加速度的数值大小代表着加速度是重力加速度 0.001 克的倍数。无人机在静止、悬停和匀速直线运动的状态下，无人机速度的大小和方向不发生变化，其加速度值等于 0。无人机在加速、减速、曲线、撞击、坠地等飞行过程中的速度大小或方向发生了变化，其加速度不为 0，例如无人机从静止到运动是加速过程，从飞行到悬停是减速过程，无人机发生正面撞击或坠地是减速过程，无人机被追尾撞击是加速过程。往往无人机坠地或撞击过程的最大加速度要比无人机正常加速或减速运动过程产生的最大加速度大得多。

图 2.12.6　加速度模块

无人机加速度的正方向如图 2.12.7 所示，当无人机向前、向右加速运动时，无人机的加速度值为正值，无人机向后、向左加速运动时，加速度值为负值，由于重力加速度的存在，所以无人机水平静止时其 Z 轴方向上的加速度约为 -1000，无人机向上加速运动，加速度值减小，无人机向下运动，加速度值增大。

例如，根据电池电量数据可以初步判断无人机是否因电量不足而导致的坠毁，根据速度和加速度数据可以初步判断无人机在坠落前是否发生过撞击，等等。

电池电量模块可以实时获取无人机电池剩余电量的百分比，根据无人机的电量可以判断无人机的坠机是否由于电量不足或电池故障而导致无人机的坠落，如图 2.12.8 所示。TOF 高度模块可以判断无人机下方障碍物或地面的高度信息，根据气压计高度模块记录

图 2.12.7　无人机三轴加速度方向（待测试）

的数据可以记录无人机飞行过程中的海拔高度，TOF 测距模块可以记录无人机飞行过程中前方的障碍物信息。利用这些数据并结合速度和加速度数据，便于我们分析并解密无人机飞行的过程。

   ▪ ▪ ▪ ▪ ▪ ▪

图 2.12.8　记录各种飞行数据的模块

2.12.2　探究无人机俯仰姿态角

飞行探究

无人机在正常飞行的状态下，探究无人机以不同速度向后飞行对应的最大俯仰轴姿态角。

无人机在无风环境下悬停时的俯仰轴姿态角和横滚轴姿态角为 0°，根据无人机的运动原理，当无人机向后运动时，无人机处于"仰"的状态，俯仰轴姿态角为正值。

在飞行探究过程中要求无人机一边飞行一边测量俯仰轴姿态角，这就需要用多线程的方式编写程序，其中一个程序线程让无人机飞行，另一个程序线程测量俯仰轴姿态角。在有小绿旗的主程序中添加广播消息模块 广播 新消息 ▾ ，当程序运行到这一模块时，其他对应的分线程模块 当接收到 新消息 ▾ 一旦接收到广播的"新消息"后，分线程的程序就会被运行。当然，只有当广播的内容"新消息" 新消息 ▾ 与接收到的内容"新消息" 新消息 ▾ 完全相同时，分线程的程序才会被运行。

测量最大俯仰轴姿态角的程序设计方法是将当前的无人机的俯仰轴姿态角与一个较小的变量值比较，如果当前的俯仰轴姿态角大于这个变量，那么就将当前这个俯仰

轴姿态角赋值给变量，否则变量值不变。如此重复比较，即只要遇到俯仰轴姿态角比变量值大，就将这个俯仰轴姿态角赋值给变量，最后这个变量值就是我们要测量的最大俯仰轴姿态角，程序设计参考图 2.12.9。

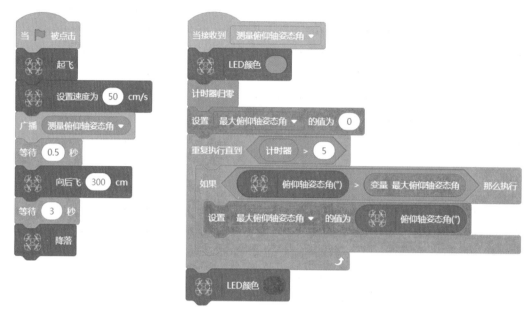

图 2.12.9　主线程程序（左）与分线程程序（右）

在编程界面的积木区勾选变量"最大俯仰轴姿态角"模块 ☑ 变量 最大俯仰轴姿态角 。无人机飞行完成后，记录对应飞行速度下的最大俯仰轴姿态角，如表 2.12.1 所示。修改无人机的飞行速度，多次起飞无人机，并将数据填写到表 2.12.1 中。

表 2.12.1　数据记录表

飞行速度 /（厘米 / 秒）	最大俯仰轴姿态角 /（°）
20	
40	
60	
80	
100	

探究结论

无人机向后飞行，俯仰轴姿态角为正值，随着无人机飞行速度的逐渐增大，无人机的最大俯仰轴姿态角也逐渐变大。

⊙　**试一试**

（1）探究正常飞行状态下，无人机以不同速度向前、向左、向右飞行对应的"最大姿态角"。

提示：姿态角有正负值之分，正负代表着无人机俯仰倾斜和左右倾斜的方向，这里的"最大姿态角"理解为去掉负号以后无人机在运动过程中的最大俯仰轴姿态角或最大的横滚轴姿态角。

（2）在正常飞行的状态下，探究无人机以不同速度向左前方、左后方、右后方等飞行对应的"最大姿态角"（提示：使用无人机的坐标飞行模块编程）。

（3）在正常飞行的状态下，探究无人机以不同速度在某高度的水平面上做圆周运动过程中的"最大姿态角"（提示：使用无人机杆量飞行模块编程）。

2.12.3　探究无人机低速撞击数据

飞行探究

无人机向后飞行，探究无人机以不同速度撞击平整竖直墙壁过程中的最大 X 轴加速度和最大俯仰轴姿态角。

程序设计参考图2.12.10，在编程界面积木区勾选两个变量模块 ☑ 变量 最大俯仰轴姿态角 和 ☑ 变量 最大加速度 。由于无人机的撞击过程几乎是在瞬间进行，X 轴加速度数据测量不稳定，建议多次测量，选取最大的那次。无人机撞击墙壁有坠落的危险，需要谨慎操作，必要时在地面上放置较为柔软的地垫。以下是 TT 无人机以 50 厘米 / 秒的速度撞击墙壁产生的最大 X 轴加速度和最大俯仰姿态角的参考数据，如图 2.12.11 所示。

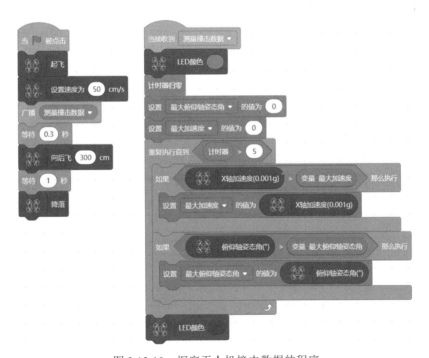

图 2.12.10　探究无人机撞击数据的程序

最大加速度　1984.00　　　最大俯仰轴姿态角　21

图 2.12.11　撞击时的速度和姿态角数据

探究结论

无人机向后飞行，当与墙壁发生撞击时，在没有坠落的情况下，无人机的俯仰姿态角会增大，撞击过程中的加速度也会急剧加大。

实验测试的结果是，无人机以 50 厘米 / 秒的速度在正常向后飞行过程中的 X 轴加速度值一般在 100 以内，最大俯仰轴姿态角在 5°左右；当无人机在与墙壁发生撞击的过程中，最大 X 轴加速度能够达到 2000 以上，最大俯仰轴姿态角能够达到 20°以上，为保证无人机的飞行安全，建议进行无人机低速撞击探究。

⊙ **试一试**

（1）无人机以不同速度飞行，探究无人机撞击墙壁过程中的加速度和姿态角变化。

（2）探究无人机以某一速度正常飞行过程中的最大三轴加速度（X 轴加速度、Y 轴加速度和 Z 轴加速度）。

2.12.4　探究无人机坠落的数据

飞行探究

无人机悬停在 80 厘米高度，当无人机螺旋桨突然停止旋转时，分别探究无人机在坠落过程中的"最大 Z 轴加速度"。

提示：这里的"最大 Z 轴加速度"理解为去掉负号以后无人机在运动过程中的最大 Z 轴加速度数值。为了避免无人机摔坏，建议在地面上铺上毛巾、地垫、厚纸板等软质材料。

程序设计参考图 2.12.12，在编程界面积木区勾选"最大 Z 轴加速度"变量模块 ☑ 变量 最大Z轴加速度，程序从左边开始运行，无人机起飞，然后在距离地面约 80 厘米的高度处悬停，广播消息"测量坠落数据"（右边的程序开始运行），等待 1 秒，紧急停机，无人机坠落。

在右边的程序中，LED 灯亮绿灯，计时器归零，设置变量"最大 Z 轴加速度"的值为 0，循环 { 测量无人机在坠落过程中的最大 Z 轴加速度，直到计时器时间大于 3 秒，循环运行结束 }，LED 灯亮红灯，数据测量结束。

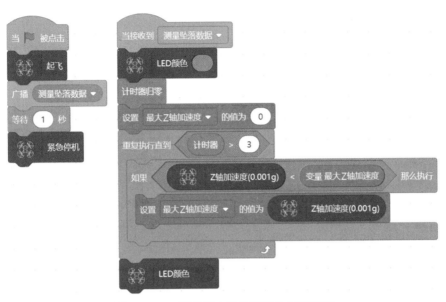

图 2.12.12　探究无人机坠落的数据的程序

探究结论

以 80 厘米高度坠落，最大 Z 轴加速度可以达到 4000 以上，无人机坠落到地面的最大 Z 轴加速度与地面的材料也有一定的关系，地面的材料越柔软，最大 Z 轴加速度的值就越小。

⊙　**试一试**

（1）无人机以某一速度飞行，当无人机螺旋桨突然停止旋转时，记录此时无人机的 TOF 高度，以及无人机在坠落过程中加速度和姿态角的最大值。

（2）如果搭档给你一组无人机飞行事故发生前后的数据，你能够推理并描述出无人机事故发生的详细过程吗？

载人飞机里的"黑匣子"

在早期，"黑匣子"主要安装在固定翼飞机中，之所以称它为"黑匣子"，是因为设计之初所有的电子仪器是放置在一个大小和形状都统一的黑色方盒里，话音记录器更是放在坚固的黑色方盒中。不过后来人们发现，当空难发生后想要寻找到这样的黑色的方盒子并没有那么容易，于是航空局将"黑匣子"漆成亮亮的橙色以便于飞机失事时容易寻找，同时还在"黑匣子"的外壳上印有"FLIGHT RECORDER, DO NOT OPEN"的字样，译为"飞行记录仪，请勿打开"。虽然现在的"黑匣子"已经不是黑色的，但人们习惯了当初的名字并沿用至今。

在今天的载人飞机中的"黑匣子"，其实指的是"飞行数据记录仪"和"驾驶舱话音记录仪"两个装置，飞行数据记录仪常常安装在飞机的尾部，驾驶舱话音记录仪往往安装在飞机头部的驾驶舱里。如果这两个橙色的装置出现在新闻之中，往往就意味着悲剧已经发生。而黑匣子里面的数据则成为破解整个空难的钥匙。"黑匣子"通过向人们提供飞机失事过程中以及出事之前的飞行数据、驾驶舱飞行员语音等信息，帮助人们分析事故的原因，并有利于做出正确的事故结论。

飞机失事可能意味着"黑匣子"要经历飞机撞击、爆炸、坠毁等过程，所以"黑匣子"需要无比坚固，如图 2.12.13 所示。采用特殊合金制成的"黑匣子"，既可承受 1100℃的高温，又能承受相当于 3400 倍自身重力的冲击力量、20000 英尺的深海压力，并耐受冰与火产生的极端温度，具有极强的抗火、耐压、耐冲击震动、耐海水浸泡、抗磁干扰等能力，在极端环境下可保存数据长达两年。

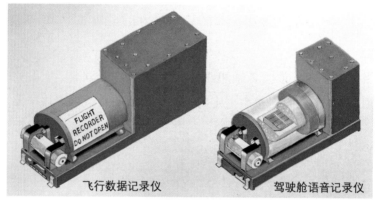

飞行数据记录仪　　　　　　　驾驶舱语音记录仪

图 2.12.13　黑匣子

搜寻黑匣子实际上是一件特别困难的事。如果飞机坠毁在陆地上，要找到黑匣子还是比较容易的，但是如果飞机坠落到海里，那就会非常麻烦。"黑匣子"入水后，"黑匣子"里的水下信标在遇水后就会自动启动，每秒发射一次频率为 37.5kHz 的声波信号，可以连续发送 30 天，如果采用专业水听器技术可在黑匣子周边两千米的附近"听"到这个信号。"黑匣子"体积小、功率小，在广阔复杂的海洋中找到它就像大海捞针一样，如果寻找打捞不及时，这个黑匣子基本上就再也没有机会重见天日了。

第 3 章

无人机编队

"感彼云外鸽, 众飞千翩翩。来添砚中水, 去吸岩底泉。"

鸽子拥有很强的记忆力和惊人的导航能力, 在古代, 人们就开始使用鸽子进行书信往来, 拥有独特眼睛结构的鸽子在群体飞行中有着奇妙的飞行策略, 这也就是即使在混乱的鸽群中也不会有鸽子彼此相撞的原因, 鸽群的飞行乱而有序。不仅是鸽群, 像陆地上的狼群、水里的鱼群等, 他们都有各自的群体运动特征和行为策略。

借鉴生物群体运动的智慧, 并将这样的智慧融入无人机的编队飞行中, 必然会给无人机的编队飞行带来更多的优势和前所未有的挑战。

3.1 无人机编队飞行

（1）了解无人机的编队飞行。

（2）掌握无人机编队连接的方法，通过编程编队起飞多架无人机。

3.1.1 无人机编队

之前我们曾提到，人类仰望天空，希望有一天可以像鸟儿一样在天空翱翔，就在100 多年前，莱特兄弟利用从鸟儿的飞行中获取的灵感发明了飞机，才让人类实现了飞翔的梦想。那么现在的飞机已经具备鸟儿飞行的智慧吗？

富于幻想的人类从未停止探索飞行的脚步，人们再次脑洞大开，不仅根据鸟儿飞行的智慧设计出可自主飞行、避障和执行任务的无人机，同时根据鸽子、大雁、蜜蜂等群体飞行的智慧研究无人机的编队飞行和集群化飞行系统。例如生物群体能够根据自身对环境的感知，通过彼此间的信息交流，自发地形成有规律的飞行特征，可以实现空间和时间上的有序分布以及群体运动的协调一致。

TT 无人机除了可以进行单体的自主飞行外，也可以进行编队飞行。多架无人机的编队飞行可以生成一段飞行舞蹈，也可以在夜色中，使用带有夜光的飞行地图，配合无人机的灯光进行延时摄影，形成色彩绚丽的灯绘，如图 3.1.1 所示。

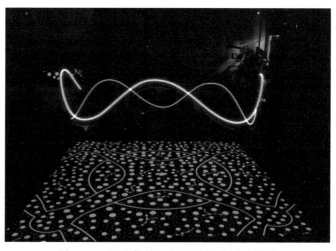

图 3.1.1　无人机编队灯光飞行的延时摄影

要使多架无人机通过一台电脑同时进行编程控制飞行，还需要一个无线路由器将多架无人机和电脑联起来，如图 3.1.2 所示，在电脑端将编写好的飞行程序指令发送给路由器，路由器再将指令分发给各个无人机。

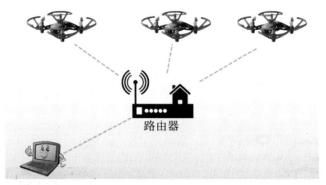

图 3.1.2　无人机编队飞行的 WiFi 连接

设置路由器

路由器可选择带有 5G 信号的无线路由器，由无人机自带的连接路由器的配置信息：WiFi 名称为 "RMTT-AP"，密码为 "123456789"。在电脑端将路由器 5G WiFi 频段的 WiFi 名称和密码改为以上配置信息，即可让无人机快速加入路由器。

无人机编队飞行要求拓展模块必须与无人机连接在一起，同时将拓展模块侧面的可以上下移动的滑动键拨到上方，将模式切换为组队模式，如图 3.1.3 所示，这时拓展模块的模式将切换到路由器连接模式下。

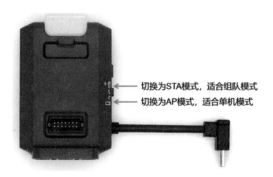

图 3.1.3　拓展模块切换为组队模式

打开 Mind+ 编程软件，单击编程界面左下角"拓展" 📖 →"功能模块"→ "RoboMaster TT（组队）"（图 3.1.4）→"返回" ◀返回，进入无人机的编程界面。无人机编队飞行的编程界面与先前单机飞行的编程界面几乎相同，编程模块也基本相同，只是编队飞行的编程需要先搜索并确定多架无人机已经与路由器连接，为方便编队飞行的控制，我们将不同飞机进行编号，再通过编程模块控制对应编号的无人机。

根据无人机的 SN 码或是 WiFi 名称（SSID）对无人机按 1、2、3……的顺序进行编号。SN 码可以在无人机电池仓的内部获取，这是一组包含数字和字母的代码，如图 3.1.5 所示，第一行即为该无人机的 SN 码，无人机的 WiFi 名称（SSID）可以在拓展模块的背部获得，WiFi 名称以 RMTT 开头。

图 3.1.4　RoboMaster TT（组队）

图 3.1.5　无人机的 SN 码（第一行）

在一次无人机的编队飞行中，可以选择 SN 码模块或 SSID 模块对无人机进行编号设置，如图 3.1.6 和图 3.1.7 所示。无人机编队飞行可以同时控制 10 架无人机，建议按 1 ～ 10 的顺序对无人机进行编号。

图 3.1.6　SN 码模块设置无人机编号为"1"

图 3.1.7　SSID 模块设置无人机编号为"2"

设置好路由器，手动操作电脑与路由器通过 WiFi 信号连接，然后开启多架已经切换为 STA 模式的无人机，等待飞机联网后自动起桨。通过编程中的网络扫描模块扫描多架无人机的 WiFi 信号并成功加入到路由器中，如图 3.1.8 所示，该模块会扫描搜索 3 台无人机并连接，扫描超时 30 秒，运行扫描模块时不要进行任何操作，等待约 30 秒即可。为了确定多架无人机、路由器以及电脑已成功建立连接，可以设计程序将当前的连接状态通过 LED 灯显示出来，如图 3.1.9 所示，如果编号为"2"的无人机亮绿灯，说明该无人机与路由器已成功连接。

图 3.1.8　网络扫描模块

图 3.1.9　编号 2 的无人机亮绿灯

在无人机编队飞行中，由于任务要求，往往需要多架无人机的飞行动作同时进行，同时进行的飞行动作也可称为同步飞行，我们可以使用同步指令模块达到这样的飞行效果，如图 3.1.10 所示。同步指令模块将会使其上面的飞行动作模块同时开始运行，在设置等待模块的秒数时需要预估飞行动作模块执行的时间，等待时间的秒数可以略大一些，当飞行程序模块运行结束时，同步指令模块也会自动结束。

例如，两架无人机编队同时起飞后，编号 1 的无人机顺时针旋转 360° 的同时，编号 2 的无人机逆时针旋转 360°，最后依次降落，程序设计参考图 3.1.11。

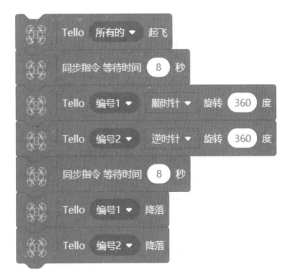

图 3.1.10　同步指令模块　　　　　图 3.1.11　无人机编队飞行的程序

3.1.2　无人机编队起飞

⊙ **飞行任务**

同时起飞三架无人机，拓展模块显示无人机编号，LED 灯亮绿灯，起飞后悬停 5 秒并依次降落。

将 3 架无人机摆放在地面上，无人机的间距最好在 30 厘米以上，避免无人机在飞行过程中发生冲撞。开启无人机的电源，搜索连接多架无人机，为了提示连接成功，也为了避免无人机因主板温度过高而自动关机，让搜索成功的无人机进入起桨模式进行散热。

程序设计参考图 3.1.12，自定义“搜索无人机”函数模块 ，单击“搜索无人机”模块区域只运行右边的程序，扫描 3 架无人机约 30 多秒，连接 3 架无人机，然后对已连接的无人机进行编号，当每架无人机的 LED 灯亮绿灯、螺旋桨起桨旋转、点阵屏显示编号时，表示 3 架无人机已连接并成功编号。为了程序编写方便，我们可以使用 SSID 模块来设置无人机的编号。

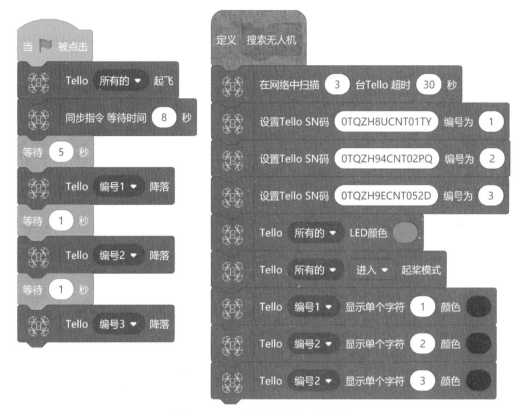

图 3.1.12 无人机编队起飞的程序

单击"小绿旗"模块运行左边的主程序，所有无人机起飞，等待 5 秒，编号 1 的无人机降落，等待 1 秒后，编号 2 的无人机降落，等待 1 秒，编号 3 的无人机降落。

在一个无人机的运动模块中可选择"编号"模式 编号1▼ 控制一架无人机的运动，也可以选择"所有"模式 所有的▼ 来同时控制所有已连接的无人机执行相同的运动，如图 3.1.13 所示。

⊙ 试一试

（1）设计程序，依次起飞 5 架无人机，等待 3 秒后，所有无人机同时降落，无人机连接成功后在点阵屏上显示编号。

（2）设计程序，让多架无人机起飞后运动起来，例如前进、翻滚、旋转，等等。

图 3.1.13 无人机编号

3.1.3　无人机编队播种

我国的耕地面积超过 18 亿亩，各种各样的粮食、蔬菜和经济作物都是从这片广袤的土地上种植出来的。其中大部分粮食作物和经济作物在种植期间还需要进行喷药保护。虽然现在可以使用无人机来执行任务，但工作量仍然巨大。无人机的编队飞行具有自主飞行能力和多机协调编队能力，一个多架无人机组成的编队飞行系统在做好航线规划之后，可以在不进行过多人工干预的情况下以很快的速度在农田上植保作业，总体效率可以达到传统植保机械或人工作业的 50 倍。

⊙　**飞行任务**

规划无人机飞行航线，设计程序，使用两架无人机进行编队飞行来对一块田地进行播种。

两架无人机编队飞行进行播种的效率至少是一架无人机的两倍，根据田地先规划无人机编队飞行的航线，两架无人机并排从田地的一侧同时起飞，然后以"弓"字形航线飞行。编号 1 的无人机在左，编号 2 的无人机在右。可在地面上画出无人机的飞行航线，如图 3.1.14 所示，然后编队起飞无人机，让无人机在已画出的航线上空模拟播种飞行。

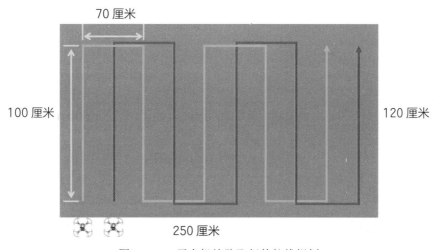

图 3.1.14　无人机编队飞行的航线规划

程序设计参考图 3.1.15，先单击运行左下方的搜索无人机程序，将电脑、两架无人机与路由器成功连接。再单击左上角有小绿旗的主程序，无人机同步起飞后上升 20 厘米，之后无人机向前飞 30 厘米，进入田地上空，接下来运行"无人机编队播种"模块 `无人机编队播种` ，两架无人机同时开始田地播种作业，以"弓"字形航线循环飞行 2 次，最后无人机降落。

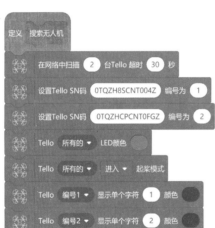

图 3.1.15　无人机编队的程序

⊙　**试一试**

（1）使用两架无人机编队飞行，规划新的飞行航线完成这片田地的播种任务。

（2）使用 3～6 架无人机进行编队飞行，规划飞行航线对一块田地进行植保服务。

TT 无人机编队飞行套装

　　为了便于 TT 无人机的编队飞行，大疆教育推出了 TT 无人机编队飞行套装，如图 3.1.16 所示。该飞行套装极大地简化了无人机编队飞行的操作，不需要路由器就可以实现编队飞行；依托高精度并带有夜光星座的飞行地图，这让无人机飞行更加精准流畅；无人机编队飞行的程序可以直接下载到无人机中，无须电脑和平板设备控制，通过简单操作即可让无人机进行编队表演；TT 无人机配有专门的编队飞行软件，内置功能丰富，编队飞行的效果可以即时预览，让学习者更方便。

图 3.1.16   TT 无人机编队飞行套装

3.2   无人机编队队形

学习
目标

（1）认识大雁与鸽子的编队飞行。

（2）学会使用无人机的坐标、挑战卡以及传感器的功能，通过编程编队起飞多架无人机。

3.2.1   大雁与鸽子的编队飞行

唐代诗人白居易《江楼晚眺景物鲜奇》一诗中写到："风翻白浪花千片，雁点青天字一行"。俯眺江面，西风翻起层层白浪宛如千片落花；仰望晴天，一行大雁点染成字，在碧空中列队飞过。

大雁是出色的空中旅行家。每当天气入秋，它们就成群结队、浩浩荡荡地飞往南方过冬。如图 3.2.1 所示，飞行中的雁群一会儿排成"一"字形，一会儿排成"人"字形……。

图 3.2.1　大雁集群飞行

雁群在迁徙的过程中遵循一定的飞行策略，雁群编队飞行的决策者是领头的大雁，随从的大雁根据领头大雁的决策信息和飞行姿态进行跟随飞行。当遇到障碍或危险时，头雁会避障飞行，从雁也会继续跟随头雁的决策飞行，而从雁自己不参与决策。但是每只大雁都具备决策的能力，在跟随头雁飞行的过程中，如果从雁将要撞上障碍，从雁才会自己做出决策——远离障碍飞行，随后继续跟随领头的大雁飞行。

鸽子也是一种很常见的鸟类，易于饲养和观察，由于鸽子具有很强的记忆力和惊人的导航能力，在古时人们就使用鸽子进行书信往来。而鸽子的群体飞行并没有像大雁一样，有着整齐的编队，乍看上去有点混乱，但事实上鸽子的群体飞行拥有着异于大雁的高超的编队飞行策略，这也就是即使在混乱的鸽群中我们并没有看到鸽子彼此相撞的现象，鸽群的飞行乱而有序。

大雁和鸽子的编队飞行策略可以给无人机编队飞行带来很多启示。

3.2.2　此起彼伏的编队飞行

⊙　飞行任务

按编号 1 ～ 5 的顺序将 5 架无人机排成"一"字形后起飞，如图 3.2.2 所示，一会儿 2 号和 4 号无人机向上飞，同时 1、3、5 号无人机向下飞，一会儿 2 号和 4 号无人机向下飞，同时 1、3、5 号无人机向上飞，然后反复交替飞行，就像此起彼伏的波浪一样，如图 3.2.3 所示。

编号1　　　　编号2　　　　　编号3　　　　　编号4　　　　　编号5

图 3.2.2　无人机排成"一"字形

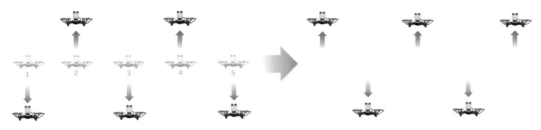

图 3.2.3 无人机编队飞行"此起彼伏"

程序设计参考图 3.2.4,先单击运行中间的程序"搜索无人机",扫描连接 5 台无人机,无人机起飞,然后上升 50 厘米,无人机到达约 130 厘米的高度,编号 2、4 的无人机上升 25 厘米,编号 1、3、5 的无人机下降 25 厘米,5 架无人机摆成此起彼伏的波浪形,之后运行"波浪飞行"程序,5 架无人机此起彼伏,重复执行 5 次,最后所有的无人机降落。

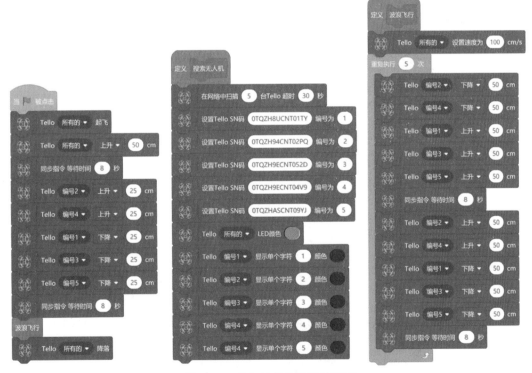

图 3.2.4 此起彼伏的编队的程序

⊙ **试一试**

起飞 3～5 架无人机,配合音乐,编排一段无人机舞蹈,无人机飞行动作包含移动、旋转、翻滚,飞行中可添加 LED 灯光和点阵屏图案。

3.2.3 变化飞行队形

⊙ **飞行任务**

起飞 3 架无人机，排成"一"字形，一会儿横向排列，一会儿纵向排列，一会斜向排列，如图 3.2.5 所示。

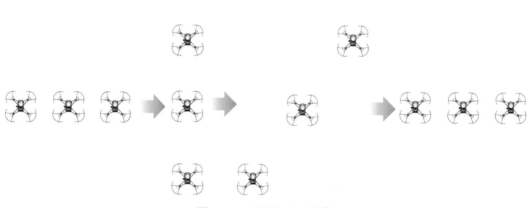

图 3.2.5 无人机队形变化

程序设计

模拟雁群编队飞行的程序如图 3.2.6 所示。

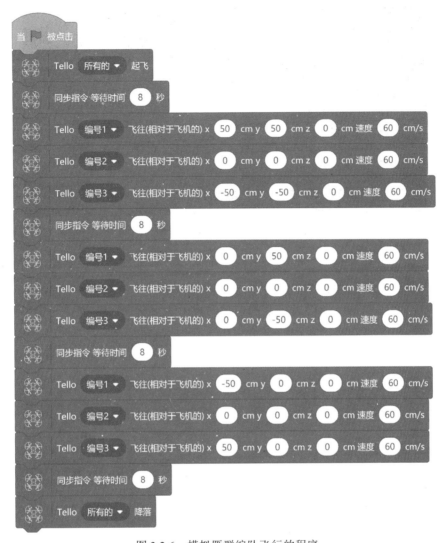

图 3.2.6　模拟雁群编队飞行的程序

⊙　**试一试**

使用 3 ~ 10 架无人机编队飞行，模仿大雁的编队飞行，一会儿排成"一"字形，一会儿排成"人"字形……。

3.2.4　"双星"环绕与模拟飞行

在太阳系中只有一颗恒星——太阳，八大行星围绕着一个太阳运转。但是在广袤的宇宙中，还有一些恒星不像太阳一样"孤独地"运转，而是常常会伴有另一颗恒星，并且这两颗恒星相互环绕运转，这就是天体运转的双星系统，即两颗恒星互绕旋转的系统，如图 3.2.7 所示。在银河系中，双星系统的数量非常多。

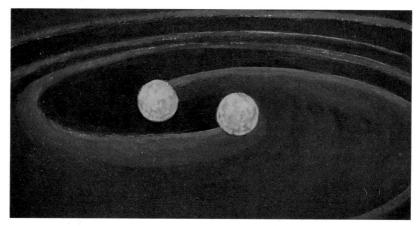

图 3.2.7　双星环绕示意图

　　三颗恒星在一条直线上，两颗恒星围绕中间的恒星运动；也可以是三颗恒星组成一个三角形相互环绕，这就是三星系统，三星系统是指有三颗恒星组成的恒星系统，一般是由一对双星和另一颗距离较远的恒星组成。著名的北极星也是一个三星系统。主星是一个巨星，它有两颗较小的伴星，其中一个伴星离主星很近，另一个伴星距主星较远。

⊙　**飞行任务**

　　相距 2 米的两架无人机编队起飞，模拟质量相同的两个恒星相互环绕飞行，如图 3.2.8 所示。

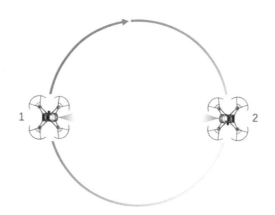

图 3.2.8　无人机编队飞行示意图

　　两架无人机相对摆放、相距 2 米，程序设计参考图 3.2.9，无人机成功连接后，同步起飞所有无人机，使用弧线坐标飞行模块绕圆弧飞行，两次飞行完成一个圆形航线，重复执行 5 次，每架无人机飞行 5 圈，最后降落。

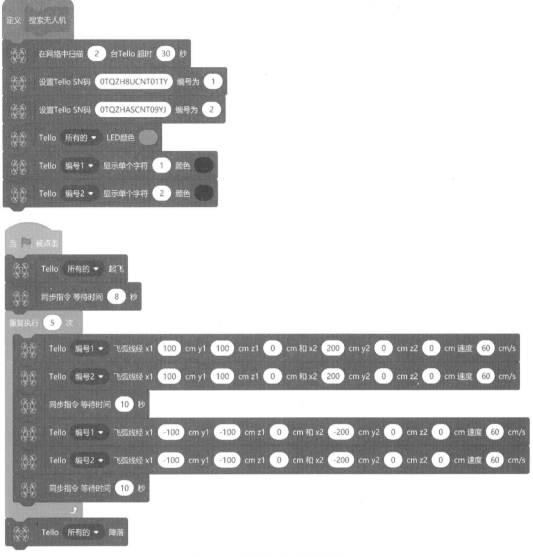

图 3.2.9　星系模拟飞行的程序

⊙ **试一试**

　　三架无人机以等边三角形的队形编队起飞，模拟三星系统相互环绕飞行，如图 3.2.10 所示，使用灯光和显示，让无人机编队飞行更有艺术美感。

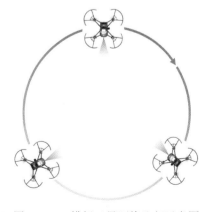

图 3.2.10　模拟三星环绕飞行示意图

3.2.5 "心心相印"的无人机

在奇特的量子世界里，量子存在一种奇妙的"纠缠"运动状态。将一对纠缠状态下的光子比作有着"心电感应"的两个粒子。这好比两个"心有灵犀"的硬币，小明和小红两人身处两地，分别各拿其中一个硬币，小明随意抛出一枚硬币，落地后正面朝上，与此同时，小红手中的硬币会自动翻转为正面朝上的状态。

具有量子纠缠的两颗量子，如图 3.2.11 所示，即使一颗行至太阳边，一颗行至冥王星边，在如此遥远的距离下，它们仍保持着"秘密的联系"，仿佛两颗量子拥有超光速的秘密通信一般。也就是说当其中一颗被操作（例如量子测量）导致状态发生变化，另一颗也会即时发生相应的状态变化，就好像两个相互纠缠的量子有了"心心相印"的功能。

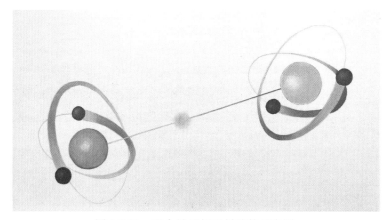

图 3.2.11　两个量子相互纠缠的示意图

⊙ **飞行任务**

编队起飞两架无人机来模拟两个相互纠缠的量子，当其中任意一个无人机感知到有手在其前方摆动时，两个无人机同时做出响应（显示或动作）。

当无人机的前方有手挥动时，使用无人机的 TOF 测距传感器可以探测到手的距离，当任意一架无人机的 TOF 测距传感器测量的距离小于 60 厘米时，两架悬停的无人机同时以随机的方式做出显示和变化飞行动作。

程序设计参考图 3.2.12，编队起飞两架无人机，当其中任意一架无人机的前方检测到 60 厘米的范围内有手摆动时，即 TOF 测距传感器测量的距离小于 60 厘米，两架无人机以随机的方式启动点阵屏显示和旋转动作。如果无人机的前方 TOF 测距传感器没有检测到有手在挥动，无人机在空中保持悬停状态。

图 3.2.12 无人机"心心相印"的程序

⊙ **试一试**

（1）在以上任务中，编队起飞两架无人机，当任意一架无人机的前视 TOF 测距传感器或下视 TOF 高度传感器感应到距离发生变化时，无人机随机做出各种不同的飞行动作，并变化点阵屏显示的图案。

（2）三架无人机以某一队形编队向前飞行，当其中任意一架无人机感应到障碍时，所有的无人机都做出相应的避障或越障飞行。

3.2.6 挑战卡坐标编队飞行

⊙ **飞行任务 1**

地面上放置一张挑战卡，编队起飞两架无人机，无人机进行方形对边跟随运动，如图 3.2.13 所示。

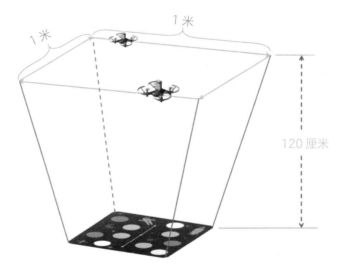

图 3.2.13　无人机对边跟随飞行示意图

无人机初始摆放位置如图 3.2.14 所示，编号为 1 的无人机摆放在挑战卡的右边，编号为 2 的无人机摆放在挑战卡的左边，程序设计参考图 3.2.15。

图 3.2.14　无人机初始摆放位置

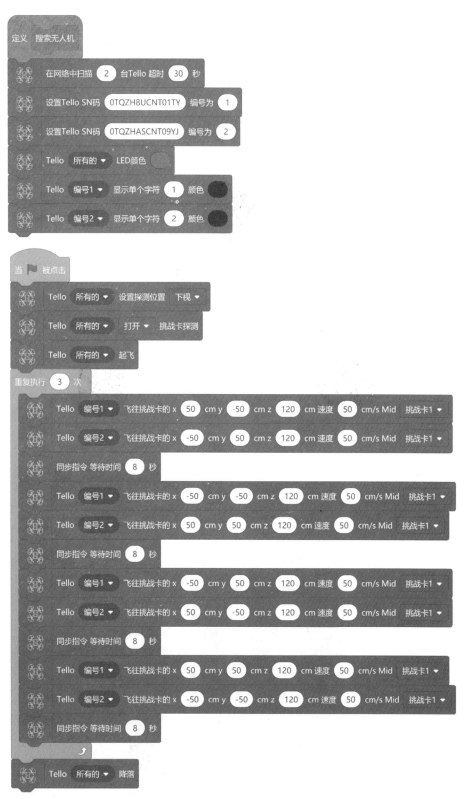

图 3.2.15 无人机挑战卡坐标编队飞行的程序

⊙ **试一试**

在地面放置一张挑战卡，编队起飞两架、三架或四架无人机，进行三角形、方形、圆形等几何图形的编队飞行。

⊙ **飞行任务 2**

使用三张挑战卡，在地面上摆成三角形，三架无人机从挑战卡上编队起飞，每架无人机沿着挑战卡跳跃飞行，如图 3.2.16 所示。

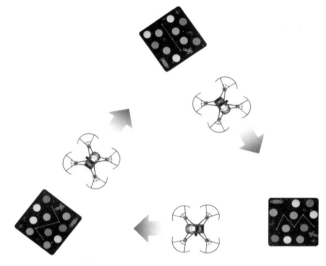

图 3.2.16 三架无人机飞行示意图

在水平地面上将挑战卡按边长 100 厘米的等边三角形摆放，无人机放在挑战卡上，每张挑战卡的火箭朝向其前方的挑战卡，程序设计参考图 3.2.17。

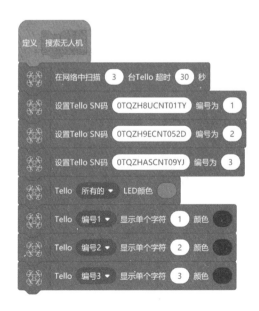

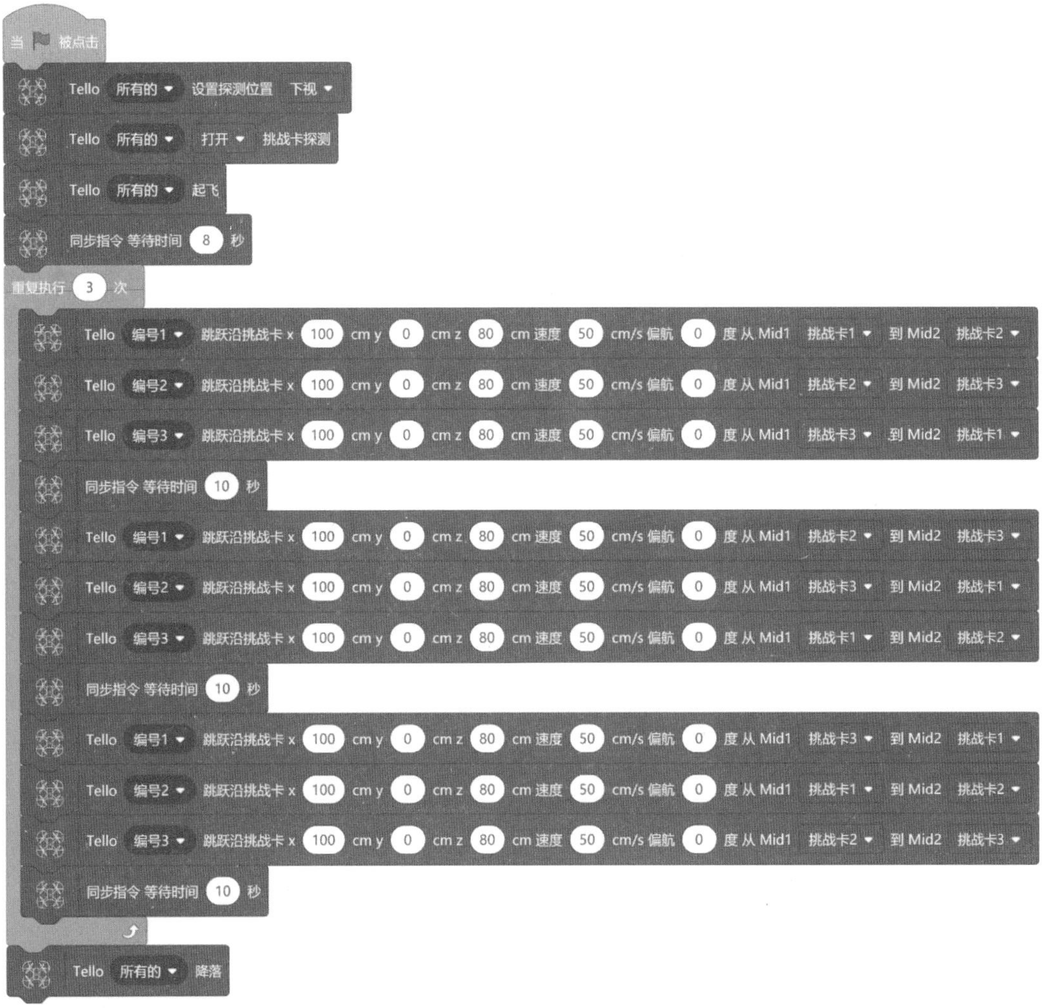

图 3.2.17　三架无人机编队飞行的程序

⊙　**试一试**

使用四个挑战卡在地面上摆成多边形，编队起飞多架无人机在挑战卡上跳跃飞行，可尝试添加灯光和显示图案。

无人机编队的表演效果众所周知，它不仅能够满足人们的视觉要求，还有望取代烟火表演，达到零排放量的环保要求。除此之外，于拍摄而言，编队飞行能够在立体空间内快速采集多角度的影像资料，在搜索救援中提供信息支持；对于物流而言，编队飞行能够灵活地派送货物，协力运送重物；对于军用而言，编队飞行能够密集突防，提高任务成功率。所以无人机编队的用途相当广泛。

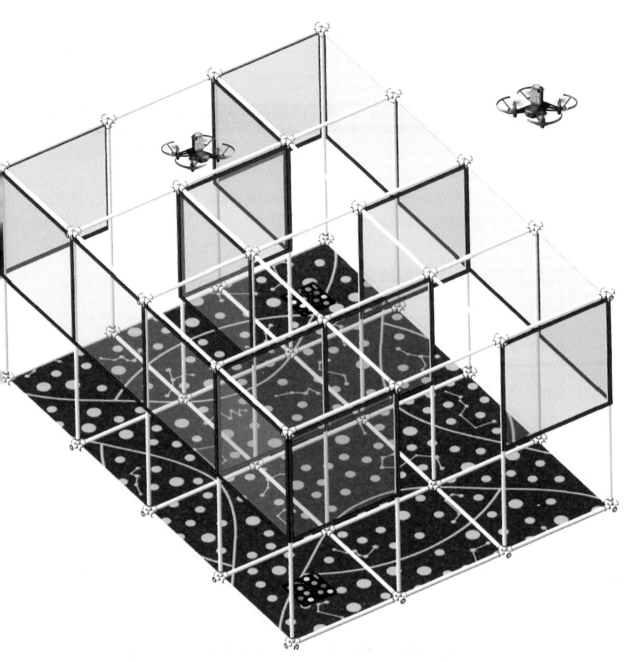

第 4 章

无人机竞赛

无人机的竞技飞行不仅要展现无人机的飞行速度，更要体现无人机的飞行智慧，无人机需要我们运用编程赋予它灵活的"大脑"，这样无人机才能灵活自如地在各种障碍间穿梭，通过在编程中融入迷宫算法，可以让无人机探索迷宫，实现在任意迷宫中的穿越飞行。

4.1 无人机定点起降竞赛

（1）了解无人机定点起降竞赛的规则。
（2）学会使用实时模式或上传模式设计程序，规划无人机的飞行航线，掌握无人机在平台上精准起降的程序设计方法。

4.1.1 无人机定点起降竞赛规则

无人机定点起降项目是全国学生信息素养提升实践活动的机器人C类小学组项目，在这个项目中，无人机也称为可编程控制的空中飞行器（飞行机器人）。该项目要求学生在规定时间内通过方案设计、机器人组装、编程调试等过程，实现相关功能，完成任务。

1. 任务概述

"定点起降"任务是模拟飞行器运输过程中的一个环节，该类飞行机器人除首次起飞时允许通过遥控器进行控制外，其余飞行动作必须由程序控制自主飞行。

2. 场地说明

（1）起飞区

起飞区用约 1.5 厘米宽的黑色线条粘贴围成的边长约为 40 厘米的正方形，飞行器在起飞前其垂直投影不能超出起飞区边线，飞行器摆放角度由学生自行决定，如图 4.1.1 所示。

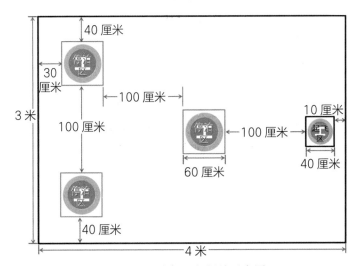

图 4.1.1　无人机飞行场地示意图

（2）任务区

任务区用约 1.5 厘米宽的黑色线条围成的边长约为 3 米 ×4 米的长方形。

（3）停泊区

停泊区为边长不超过 60 厘米、高度不低于 10 厘米的正方形方台。

3. 任务说明

该任务为飞行器从起飞区起飞后，自主规划一条路线，让飞行器至少在一个停泊区降落后并且能够复飞返航至起飞区。返航至起飞区定义为：飞行器的投影压在起飞区外框线上降落或完全在起飞区内降落。

（1）飞行器在第一个停泊区降落，计 40 分。

（2）飞行器在第二个停泊区降落，计 30 分。

（3）飞行器在第三个停泊区降落，计 20 分。

（4）飞行器成功返回起飞区，计 40 分。

4.1.2　无人机定点起降飞行策略

要使用 TT 无人机完成以上任务，为了提高飞行的稳定性和成功率，需要在起飞区和停泊区放置挑战卡，利用挑战卡让无人机进行精准定位。

无人机飞行航线可以按由近到远、从左到右的顺序依次在停泊区降落和起飞。为了提高飞行效率，可以在两个飞行平台之间采用直线飞行的方式，无人机飞行航线规划如图 4.1.2 所示。

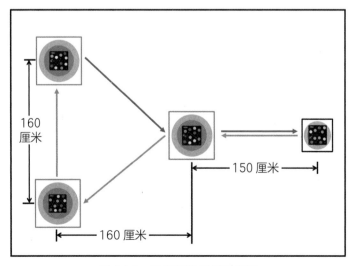

图 4.1.2　飞行航线规划示意图

4.1.3　竞赛程序设计

设定停泊区的飞行高度为 10 厘米，无人机从起飞区起飞，完成定点起飞与降落的飞行任务，程序设计参考图 4.1.3。

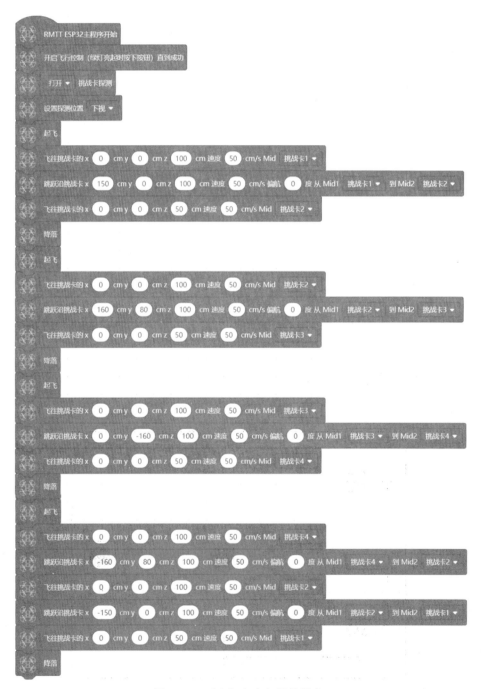

图 4.1.3　无人机定点起降的程序

在程序中，开启挑战卡探测，无人机从起点的挑战卡 1 上起飞，然后飞往挑战卡 1 的坐标（0,0,100），即无人机飞往挑战卡 1 的正上方 100 厘米的高度，进行这样的程序设计的目的是，既可以让无人机获得 100 厘米的飞行高度，同时还可以让无人机定位到挑战卡 1 的正上方，为接下来的精准飞行做准备。之后无人机以坐标（150,0,100）从挑战卡 1 跳跃到挑战卡 2，然后无人机在挑战卡 2 上飞往坐标（0,0,50），即无人机飞往挑战卡 2 的正上方 50 厘米的高度，这个飞行模块的任务是在降低无人机飞行高度的同时，也让无人机在挑战卡 2 上方进行一次定位，便于无人机在挑战卡 2 上精准降落，最后无人机在挑战卡 2 上降落。后面的程序可以此类推进行分析。

⊙　**试一试**

尝试在实时模式下编程，按照竞赛规则，优化程序和飞行航线，进一步提高无人机飞行稳定性和速度。

4.1.4　无人机定点起降竞赛细则

1. 机器人要求

（1）利用成品飞行器（品牌不限）或者自行设计并制作的飞行器。

（2）飞行器的长、宽不超过 300 毫米 ×300 毫米，质量不超过 250 克。

（3）飞行器起飞后不允许使用遥控器，必须通过执行程序完全自主飞行。

（4）在不影响正常比赛的基础上，飞行器可进行个性化的装饰，以增强其表现力，且易于识别。

（5）飞行器在完成任务的过程中，其垂直投影不能飞离任务区边线。

2. 赛制

（1）比赛不分初赛与复赛，比赛进行两轮，参赛队伍在两轮比赛之间无调试时间。

（2）单场比赛时间为 2 分钟。在比赛开始后，按抽签确定的参赛队编号轮流上场比赛。

3. 比赛流程

（1）参赛选手不得携带 U 盘、手机等任何具有存储功能的设备进入场地。在比赛过程中，现场编程和调试的时间是 2 小时。编程和调试好的飞行器，由参赛选手贴标记后，统一放置在组委会指定的位置。

（2）在比赛正式开始时，参赛选手才可以取走自己的飞行器参加比赛。直到 2 分钟倒计时结束或参赛队员向裁判示意方可结束比赛。

4. 关于重试和罚分

（1）在 2 分钟的比赛时间内，参赛队可进行重试。

（2）需要重试选手应先向裁判申请，裁判许可后，方可接触要重试的飞行器并搬回起飞区。

（3）比赛计时不因重试而停止。

（4）选择重试后，已获得的所有得分清零。

（5）参赛队员应将场地内的模型恢复至初始状态，并向裁判示意。

（6）完成必要的操作后，在裁判的允许下，参赛队员重新启动自己的飞行器。

（7）每次重试罚 5 分。

5. 评分标准

（1）每轮得分＝实际得分－罚分。

（2）在竞赛中，每个参赛队有两轮比赛机会。最终成绩为两轮得分相加数。

（3）最终以得分最高的机器人胜出。

（4）参赛队伍的得分不能为负分，最低为零分。

6. 排名

某一组别的全部比赛结束后，按参赛队的总分进行排名。如果出现局部持平，按以下顺序破平：

（1）单轮成绩高者在前。

（2）比较源程序大小，程序较小的在前。

（3）两轮剩余时间分之和高者在前。

（4）罚分少者在前。

（5）飞行器质量小的队在前，或由裁判确定。

4.2 无人机迷宫飞行

（1）识别挑战卡、编程控制点阵屏显示图形和 LED 灯，学会无人机的航线规划。

（2）学会使用 TOF 避障模块探测迷宫墙壁，完成对迷宫的探索和穿越任务。

4.2.1 无人机 3×4 阶迷宫

TT 无人机的自主飞行能力赋予无人机更多的挑战机会，有了 TOF 避障、摄像等传感器的无人机似乎无所不能，现在无人机将迎来一场新的挑战：一个 3×4 阶的 12 格迷宫，无人机需要从迷宫的起点飞到迷宫的终点。

无人机飞行的迷宫由 12 个 60 厘米 ×60 厘米的单元格组成，迷宫以单元格 3×4 排布为一个长方形底面，迷宫的长、宽、高分别是 240 厘米、180 厘米、120 厘米，如图 4.2.1 所示。迷宫的地面铺有一张带有很多小圆点的黑色飞行地图，小圆点供无人机视觉定位使用。迷宫地面除了使用飞行地图以外，还可以是其他普通的带有纹理的平整地面。迷宫的起点和终点分别为图 4.2.1（b）中最下面一行和最上面一行的中间单元格。

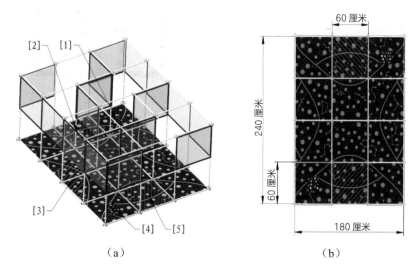

（a） （b）

[1] 隐藏任务点 [2] 起点 [3] 墙面禁区 [4] 隐藏任务点 [5] 迷宫终点

图 4.2.1 3×4 阶迷宫场地示意图

迷宫墙面由宽 60 厘米，高 120 厘米的墙体单元组成，迷宫墙面的上方是一块 60 厘米 ×60 厘米的 KT 泡沫板材料。迷宫墙面高度为 120 厘米，迷宫墙面的下半部分为镂空设计，无人机在飞行中不允许直接穿过墙面镂空区域。

4.2.2 穿越迷宫

给出一种迷宫地图，如图 4.2.2 所示，无人机从迷宫的起点起飞，以最短的时间穿越迷宫，直到抵达终点后，无人机自动降落。

根据迷宫地图规划出无人机的飞行航线，如图 4.2.3 所示，由于向前飞模块  距离控制不够精确，在实际飞行中，无人机容易触碰迷宫的墙壁。为了提高飞行的稳定性，在无人机的避障飞行中可以添加 TOF 测距。而 TOF 测距传感器的最大测量距离不能超过 120 厘米，所以当避障飞行距离超过两个单元格时，就不能直接使用 TOF 测距，只能让无人机按指定距离飞到 TOF 测距在 120 厘米以内的单元格中，然后无人机再进行 TOF 避障飞行。

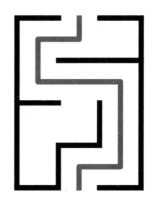

图 4.2.2　无人机迷宫图　　　　图 4.2.3　　无人机迷宫飞行的航线规划

由于单元格的边长为 60 厘米，当无人机在单元格的中央时，其与单元格前后左右的距离为 30 厘米。无人机按指定距离飞行，从一个单元格中央位置飞往下一个单元格中央位置需要移动的距离是 60 厘米，即 ，如果无人机按 TOF 避障飞行，从一个单元格飞往下一个单元格距前方墙壁 30 厘米的位置，程序如图 4.2.4 所示。这里 "30 厘米" 的数值不是唯一的准确数值，在实际中还需要无人机经过多次飞行不断调试修改获得。

图 4.2.4　无人机避障飞行的程序

无人机要看到迷宫地面足够多的特征点后才能较为精准地定位，所以迷宫的场地下半部分为镂空透明，同时飞行环境还要具备良好的光线。无人机在飞行时也尽量不要飞得过高或过低，更不要过于贴近墙壁，以使无人机的下视传感器能够看到更多的特征点，获得更精准的定位信息。经过测试，无人机飞行高度在 80 厘米左右时效果较好，即无人机起飞的高度，程序设计参考图 4.2.5。

图 4.2.5　无人机穿越迷宫的程序

⊙　**试一试**

　　变换迷宫地图，设计程序让无人机以较高的成功率快速穿越迷宫，以下给出几种迷宫的飞行场地，如图 4.2.6 所示。

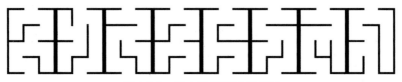

图 4.2.6　无人机迷宫飞行场地

注意，设计的迷宫不要过于简单，例如如图 4.2.7 所示迷宫的最短路径上的弯道太少（红线标记为最短飞行路径），没有一定的挑战意义。

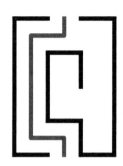

图 4.2.7　过于简单的无人机迷宫场地

4.2.3　探索迷宫挑战卡

⊙　**飞行任务**

在迷宫场地中的每一个"死角"的顶角处放置一张挑战卡，如图 4.2.8 所示，无人机在穿越迷宫的同时还需要搜寻挑战卡，当无人机搜寻到挑战卡时，无人机悬停，LED 灯红灯闪烁 3 秒，点阵屏显示挑战卡的编号。无人机在整个飞行过程中 LED 灯亮绿灯。

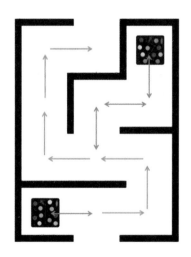

图 4.2.8　迷宫放置挑战卡与航线规划

该迷宫有两个死角区域，在死角区的顶角处分别放置一张挑战卡，为搜寻到挑战卡，无人机需要飞往迷宫的各个角落，在图 4.2.8 中也给出了无人机的飞行航线。对应的程序设计参考图 4.2.9。

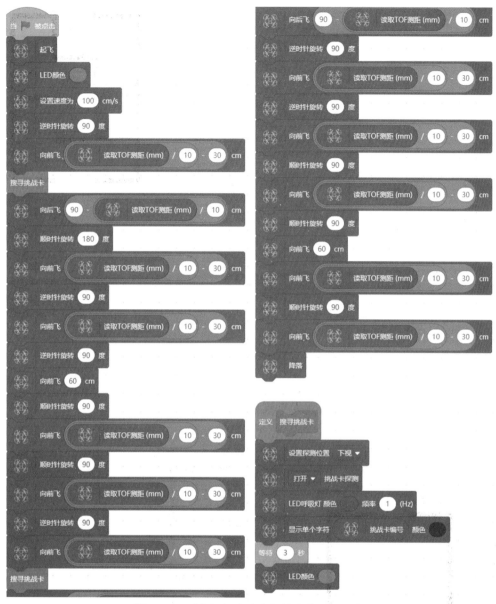

图 4.2.9 无人机探索迷宫挑战卡的飞行程序

当无人机从死角的顶角处飞回时,为了节约时间、减少无人机的转弯次数、提高飞行精确性,可以让无人机进行后退避障飞行。即当无人机后退到另一个单元格且与前方墙壁的距离为 90 厘米时悬停,程序设计参考图 4.2.10。

图 4.2.10 无人机后退避障飞行的程序

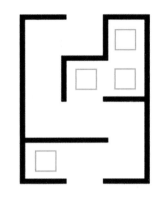

⊙ 试一试

在迷宫的每一个非最短路径上的单元格中随机放置一张挑战卡，无人机在穿越迷宫的同时还需要搜寻挑战卡，当无人机搜寻到挑战卡时，无人机悬停，LED 灯亮蓝灯闪烁 3 秒，点阵屏显示挑战卡的编号。如图 4.2.11 所示，黄色方框表示该区域可能会放置一张挑战卡。

4.2.4　探索迷宫

图 4.2.11　无人机探索迷宫挑战卡

⊙ 飞行任务

先设计无人机探索迷宫的程序，然后再任意设计一个迷宫地图，无人机从该迷宫的起点飞到迷宫的终点，如图 4.2.12 所示（迷宫公布后不得修改程序）。

迷宫的起点和终点都通向迷宫的外部，而且迷宫是有墙壁的，只要顺着左侧或右侧的墙壁走，都能走出去，因为在出口和入口的墙壁是闭合曲线，如果让无人机沿着左侧墙壁飞行，这称为行走迷宫的"左手法则"。如果让无人机沿着右侧墙壁飞行，这称为"右手法则"。当然在一次的迷宫探索过程中只能统一使用一种法则，不能将左手法则与右手法则混用，否则无人机难以飞出迷宫。

接下来我们尝试使用右手法则让无人机探索迷宫。在迷宫中，无人机向前飞，从 1 号单元格进入 2 号单元格，如图 4.2.13 所示。无人机使用拓展模块上的 TOF 测距传感器测量单元格的某一面是否有墙壁。

图 4.2.12　一个未知的迷宫

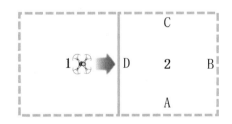

图 4.2.13　右手法则探索迷宫示意图

遵循右手法则，无人机先顺时针旋转朝向 A 面，如果 A 面没有墙壁，无人机直接从 A 面飞往下一个单元格；如果 A 面有墙壁，无人机逆时针旋转朝向 B 面。如果 B 面没有墙壁，无人机直接从 B 面飞往下一个单元格；如果 B 有墙壁，无人机逆时针旋转朝向 C 面。如果 C 面没有墙壁，无人机直接从 C 面飞往下一个单元格；如果 C 面有墙壁，无人机逆时针旋转朝向 D 面并直接飞回 1 号单元格。无人机每进入每一个单元格都按这样的飞行原则对迷宫进行探索，直至走出迷宫。无人机探索迷宫的程序参考图 4.2.14。

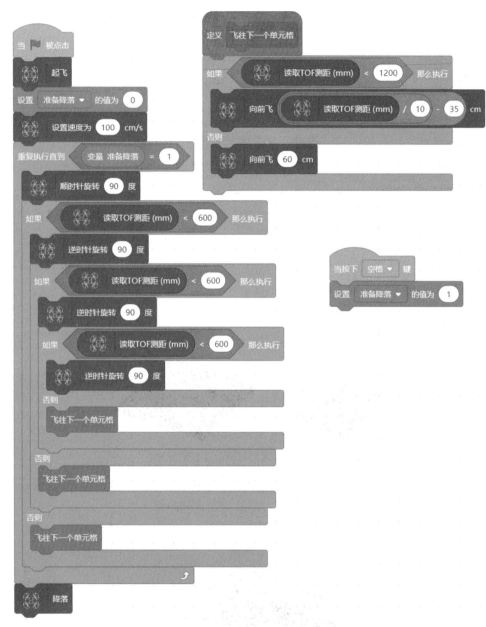

图 4.2.14　无人机探索迷宫的程序

⊙　**试一试**

（1）设计不同的迷宫，让无人机走出迷宫。

（2）使用左手法则，设计程序让无人机探索迷宫。

4.3　无人机迷宫竞赛

（1）了解无人机迷宫的竞赛规则。

（2）通过无人机对迷宫的探索飞行掌握迷宫坐标飞行的编程算法。

4.3.1　无人机迷宫竞赛概况

无人机迷宫竞赛由中国航空学会主办，要求无人机从迷宫的起点出发，先进行迷宫的"探索任务"，在探索迷宫的过程中，通过视觉去发现迷宫中的"隐藏任务点"，完成任务获得额外得分。探索结束后，无人机自动计算穿越迷宫的最短飞行路径，然后控制无人机以最快的速度从迷宫的终点回到起点，比赛即结束。比赛分为初阶组（小学、初中组）和高阶组。初阶组主要供小学生和初中生参加，高阶组主要供高中生参加，每支参赛队伍最多由两名参赛队员和一名指导老师组成。比赛中，无人机需要依靠参赛队员自行编写的程序，在迷宫中进行探索并找到最优路径，最终完成快速穿越。初阶迷宫与高阶迷宫的场地如图 4.3.1 所示。

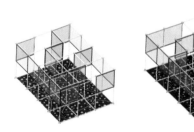

图 4.3.1　初阶迷宫与高阶迷宫的场地

高阶迷宫是一个由 25 个单元格组成的 5×5 阶迷宫，迷宫的起点和终点是第一行和最后一行的中间单元格，迷宫的墙壁和高度设计与初阶迷宫相同，如图 4.3.2 所示。

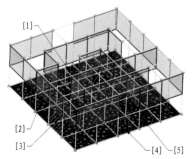

[1] 起点　[2] 隐藏任务点　[3] 墙面禁区　[4] 迷宫终点　[5] 隐藏任务点

图 4.3.2　高阶组迷宫场地示意图

4.3.2　无人机的探索和穿越

无人机迷宫竞赛是由"探索"和"穿越"两个任务组成，无人机需依次完成探索任务和穿越任务。

在探索任务中，无人机从迷宫的起点出发，对迷宫进行探索飞行，找出迷宫中的"隐藏任务点"的位置，并规划飞出迷宫的最短路径。当无人机飞行到迷宫的终点时，无人机的 LED 灯红灯闪烁三次，表示探索任务完成，并立即开始穿越任务。

在穿越任务中，无人机需尽可能快速地从迷宫的终点返回迷宫的起点，当无人机到达迷宫的起点后，需使 LED 灯保持蓝灯常亮，示意完成穿越任务。

除了完成任务时的特殊灯效，无人机在正常飞行时，需要使 LED 灯保持绿灯常亮。

无人机完成"探索"任务的条件为无人机悬停在迷宫终点单元格内，其中灯效的完成条件为 LED 灯红灯以 1Hz 的频率闪烁三次。

无人机完成"穿越"任务的条件为无人机完全进入迷宫起点单元格，其中灯效的完成条件为 LED 灯保持蓝灯常亮。

在穿越任务中，无人机需用尽可能短的时间从迷宫的终点返回起点。探索任务和穿越任务的总时间不超过 5 分钟。

隐藏任务点是放置于迷宫单元格内的挑战卡，挑战卡随机放置于迷宫的最短路径之外。无人机找到隐藏任务点后，需要悬停在隐藏任务点所在单元格内，识别隐藏任务点的挑战卡编号，并通过自身搭载的显示模块将挑战卡编号显示出来，LED 指示灯闪烁，持续至少 3 秒，则视为完成任务。

迷宫探索的最简单策略是使用迷宫探索法则，一直贴着迷宫的墙壁走，但一直使用这样的策略势必会导致在比赛的穿越阶段浪费很多时间。所以在实际比赛中，需要在探索阶段找到迷宫的最短路径，在穿越阶段就可以直接控制机器人按照最短路径快速地回到起点。探索阶段所用的时间对最终的比赛成绩影响较小，所以在探索阶段无人机需要将迷宫进行完整的探索，找到所有的隐藏任务和最短路径。

4.3.3　迷宫坐标与探索飞行

⊙　**飞行任务**

探索一个未知的初阶迷宫，当无人机从迷宫的起点飞到终点时，无人机自动降落。

探索一个未知的迷宫，这就意味着无人机能够在任意一种迷宫里飞行，无人机探索迷宫的程序可以采用右手法则或左手法则来编写。无人机到达终点自动降落，这就要求无人机能够识别迷宫的终点。

对终点的识别有两种方法，第一种方法是在迷宫终点的单元格中放置一张挑战卡，无人机在探索迷宫的过程中，当下视传感器检测到这张挑战卡时，无人机自动降落。这种方法比较简单，大家可以自行设计。第二种方法是为迷宫的单元格编入坐标，如图 4.3.3 所示，横轴为 x 轴，纵轴为 y 轴，迷宫的每个单元格对应一个坐标，无人机从起点起飞，起点坐标为（0,0），在飞行过程中通过记录移动和转弯的次数转换为迷宫坐标，根据坐标判断无人机在迷宫中的位置，当无人机获取的坐标为

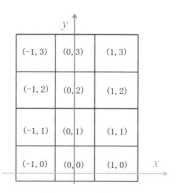

图 4.3.3　迷宫坐标

（0,3）时，即到达了迷宫的终点，无人机自动降落。以下程序将使用右手法则来探索迷宫，并在探索迷宫的过程中记录无人机移动和转弯的次数。程序设计参考图 4.3.4。

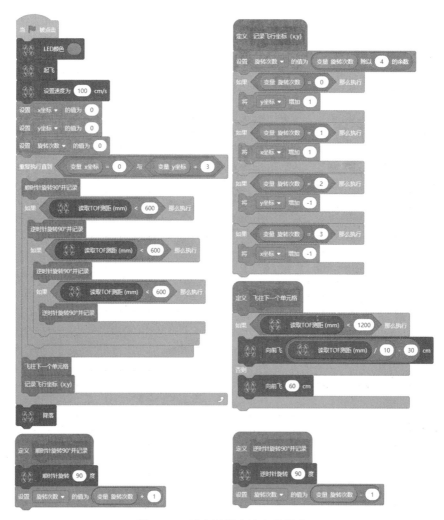

图 4.3.4　无人机探索迷宫的程序

⊙　**试一试**

（1）变换迷宫坐标，如图 4.3.5 所示，使用左手法则探索初阶迷宫或高阶迷宫，让无人机自动降落在迷宫的终点。

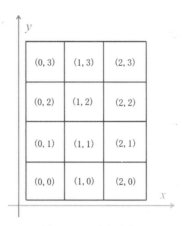

图 4.3.5　迷宫坐标

（2）使用挑战卡标记终点，无人机探索迷宫并通过识别挑战卡自动降落在迷宫的终点。

4.3.4　旋翼赛迷宫挑战赛程序设计

旋翼赛迷宫挑战赛竞赛规则（XMT）由中国航空学会在官网发布。根据最新的旋翼赛迷宫挑战赛的规则，无人机除了需要完成迷宫探索、灯效、隐藏任务（探索挑战卡）之外，还需要以最短的时间完成穿越任务。这就要求无人机在完成探索任务的过程中记录迷宫的最短路径，当无人机在穿越时可以根据已记录的最短路径从终点飞往起点。

建立 3×4 初阶迷宫坐标系，如图 4.3.6 所示，设置迷宫起点坐标为（1,0），终点坐标为（1,3），无人机起飞前放置在坐标为（1,0）的格子中央，朝向 y 轴方向。高阶迷宫坐标系的建立可以此类推。

迷宫探索可采用右手法则，如图 4.3.7 所示，当无人机飞入一个格子时，转向次数为 0，这时候无人机先右转，记录转向次数为 1；若格子右侧有挡板（若无挡板，无人机前进飞往下一个格子），无人机再左转，记录转向次数为 2；若格子前方有挡板，无人机再次左转，记录转向次数为 3；若格子左侧还是有挡板，说明无人机飞入了迷宫的死角，无人机右转，然后退回到上一个格子。

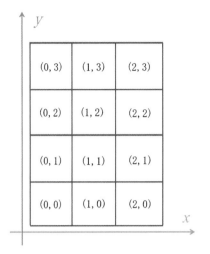

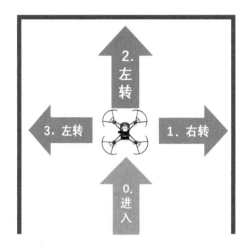

图 4.3.6　迷宫坐标图　　　　4.3.7　在一个格子里的转向次数

通过以上分析可知，无人机在一个格子里的探索会依次进行右转、左转和左转的转向动作，分别对格子的右边、前边和左边进行距离探测，直至遇到无挡板的一侧才会停止转向，并从这一侧飞往下一个格子。

在探索任务中，若无人机在一个格子里记录的转向次数为 0，即无人机未转向，在穿越任务中，程序根据已记录的转向次数控制无人机直接后退飞出，这种情况只发生在无人机进入终点格子中。

在探索任务中，若无人机在一个格子里记录的转向次数为 1（右转），则无人机从格子的右边飞出；在穿越任务中，无人机从格子右边后退进入，程序根据已记录的转向次数控制无人机左转一次，从格子下方后退飞出。

在探索任务中，若无人机在一个格子里的转向次数为 2（右转→左转），则无人机从格子的前边飞出；在穿越任务中，无人机从格子前边后退进入，程序根据已记录的转向次数控制无人机直接从格子下方后退飞出。

在探索任务中，若无人机在一个格子里的转向次数为 3（右转→左转→左转），则无人机从格子的左边飞出；在穿越任务中，无人机从格子左边后退进入，程序根据已记录的转向次数控制无人机右转一次，并直接从格子下方后退飞出。

设计程序，如图 4.3.8 所示，让无人机能够完成迷宫探索任务，然后再以最短飞行路径完成穿越任务。无人机起飞前，设置变量"当前角度"为 0°，设置无人机的起飞点坐标为（1,0），删除列表"栈"里的所有项目，再重新定义列表"栈"，并设置"栈"里的第一个项目的值为 0。无人机从迷宫的起点起飞。

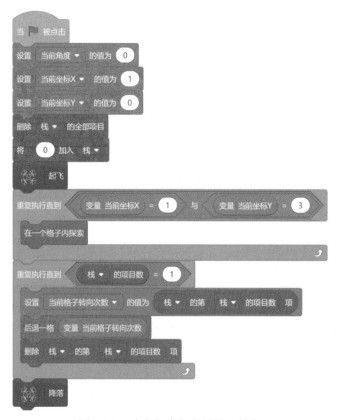

图 4.3.8　迷宫探索与穿越的主程序

列表"栈"用来记录无人机的最短飞行路径，在探索任务中，无人机以转向、前进的方式从一个格子飞往下一个格子，列表"栈"会按顺序记录无人机在每个格子里的转向次数，在迷宫的岔路上，无人机飞入岔路中的死角并识别，然后以后退的方式离开岔路，同时删除"栈"中已记录的岔路上的飞行数据，在穿越任务时，无人机根据"栈"中已记录的转向次数控制无人机的转向，让无人机以转向、后退的方式返回起点。

无人机探索迷宫：循环｛无人机在一个个格子中以右手法则探索飞行，直到无人机到达终点坐标（1,3），循环结束，无人机完成迷宫探索任务｝。

无人机穿越迷宫：循环｛无人机从迷宫终点一直后退飞行，设置变量"当前格子转向次数"的值为栈的最后一项，无人机根据之前记录的转向次数调整当前的飞行方向，并让无人机能够从一个格子后退到另一个格子，确保无人机从迷宫终点以最短路径穿越到起点，每后退一个格子后，删除栈的最后一项，直到栈的项数等于 1，循环结束｝，最后无人机在终点降落。

定义函数"更新坐标"，如图 4.3.9 所示，如果无人机在飞行中的总转向角度的余数为 0，则 Y 坐标值增加 1；如果无人机总转向角度的余数为 90，X 坐标值增加 1；如果无人机总转向角度的余数为180，Y 坐标值减去1；如果无人机总转向角度的余数为270，X 坐标值减去1。

定义函数"在一个格子内探索"，如图 4.3.10 所示，无人机在一个格子里探索，设置变量"当前格子转向次数"为栈中最后一项的值，设置变量"通过格子"的值为"否"，即无人机刚进入格子，初始化无人机在当前格子的状态为"未离开当前格子"。

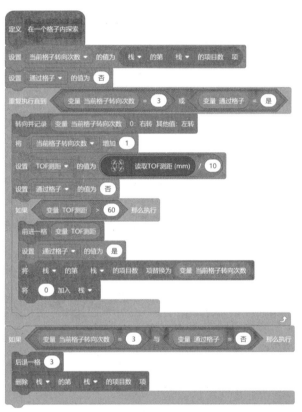

图 4.3.9 函数"更新坐标"　　　图 4.3.10 函数"在一个格子内探索"的程序

循环{无人机在当前格子里转向90°，并记录在当前格子里的转向角度，将变量"当前格子转向次数"增加1来累加计算转向次数，设置变量"TOF 测距"的值为"读取TOF 测距（mm）/10"，设置变量"通过格子"的值为"否"，即无人机还未离开当前格子。如果变量"TOF 测距"大于60厘米，则无人机前进一格，设置变量"通过格子"的值为"是"，即无人机离开当前格子，将栈的最后一项的值替换为当前的格子的转向次数。将0加入栈，即在栈的末端再添加一项，值为0。直到变量"当前格子转向次数"为3或变量"通过格子"的值为"是"，循环结束 }。

如果无人机在当前格子的转向次数为3且未能通过格子，说明无人机进入了迷宫岔路的死角，无人机后退一格，并删除栈的最后一项。

定义函数"后退一格"，如图 4.3.11 所示，该程序会根据程序记录的转向次数来控制无人机的转向动作，然后以后退的方式进入下一个格子，并更新坐标，值减小 1。只有当无人机在迷宫岔路中退回时或在进行穿越任务飞行时，该函数中的程序才会被运行。参数"已转向次数"的值有 0、1、2、3，当值为 0 或 2 时，无人机不转向，直接后退飞往下一个格子。

定义函数"前进一格"，如图 4.3.12 所示，参数"距离"的值为无人机的前视 TOF 测量的距离，如果这个"距离"小于 120 厘米，则无人机即将飞往的下一个格子的前方有挡板，无人机向前飞到距离挡板 30 厘米的位置，否则（下一个格子前方无挡板）无人机向前飞 60 厘米。更新坐标，值增加 1。

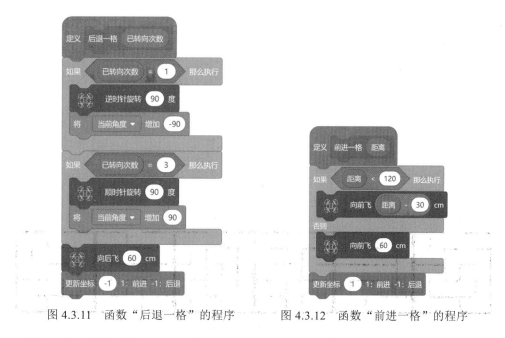

图 4.3.11 函数"后退一格"的程序　　　图 4.3.12 函数"前进一格"的程序

定义函数"转向并记录"，如图 4.3.13 所示，无人机在一个格子里探索最多转向 3 次，其转向的顺序依次是顺时针 90°→逆时针 90°→逆时针 90°。无人机刚进入一个格子，还未发生转向，其转向次数为 0，如果"转向"的值为 0，无人机右转（顺时针转向 90°），将"当前角度"增加 90°并记录；否则（"转向"的值不等于 0），无人机左转（逆时针转向 90°），将"当前角度"减小 90°并记录。

以上是无人机探索和穿越迷宫的最基本程序，若要提高无人机飞行的稳定性和飞行速度，让无人机能够以更短的时间完成任务并获得更高的得分，还需要结合大量的飞行经验，再结合多次飞行调试的数据，对以上程序进行优化和改进。

图 4.3.13　函数"转向并记录"的程序

⊙　**试一试**

（1）根据比赛规则，设计程序，让无人机在进行探索任务和穿越任务的同时，还能够完成隐藏任务和显示灯效。

（2）改进优化程序，让无人机在不同的迷宫内探索和穿越飞行，比一比谁的无人机飞行更快、更稳定。

（3）设计程序，尝试让无人机在高阶迷宫中探索与穿越飞行，高阶迷宫场地可参考图 4.3.14。

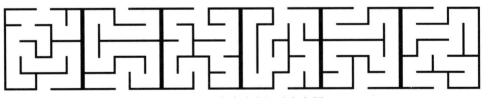

图 4.3.14　高阶迷宫场地参考图